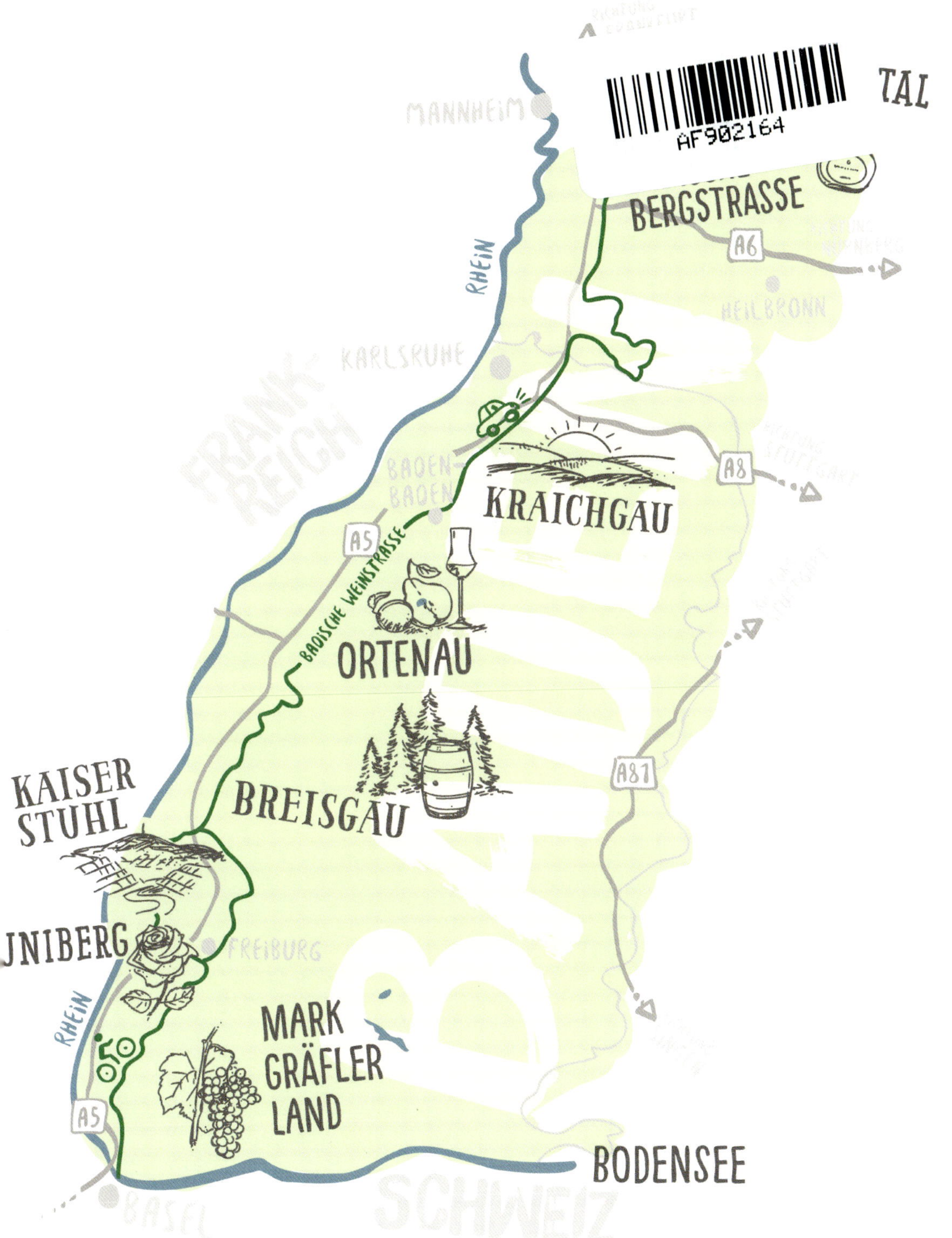
TAL
MANNHEIM
BERGSTRASSE
A6
HEILBRONN
RHEIN
KARLSRUHE
FRANK
REICH
BADEN-
BADEN
KRAICHGAU
A8
A5
BADISCHE WEINSTRASSE
ORTENAU
BREISGAU
A81
KAISER
STUHL
NIBERG
FREIBURG
RHEIN
MARK
GRÄFLER
LAND
A5
BODENSEE
BASEL
SCHWEIZ

Rudi Knoll / Armin Faber

*Baden. Meine Weinheimat*

8 grad

Bacchusfigur, Staufen

Rudi Knoll / Armin Faber

# BADEN Meine Weinheimat

Menschen, Geschichte, Reben. Eine Reise für Genussmenschen

8 grad verlag Freiburg

Inhalt

# VORWORT

## Badische Weine und die Menschen dahinter

»Das Weinbaugebiet Baden ist mit 15 679 Hektar Rebfläche das drittgrößte in Deutschland und erstreckt sich in Nord-Süd-Richtung über eine Länge von etwa 400 Kilometern«, heißt es recht nüchtern und sachlich auf der Website des Deutschen Weininstituts. Die Weine entlang der Badischen Weinstraße seien von der Sonne verwöhnt und präsentierten sich entsprechend vielgestaltig. So wird dieses besondere deutsche Weinland durchaus treffend beschrieben. Aber wo bleiben die Menschen, die für die Weine verantwortlich sind?

Die überwiegende Zahl der Winzerinnen und Winzer ist nicht selbstständig, denn in Baden werden mehr als 70 Prozent der Rebfläche von achtzig Genossenschaften bewirtschaftet, die Jahr für Jahr etliche Millionen Liter verarbeiten. Diese Kooperativen sind unterschiedlich strukturiert. Viele sind nicht selbst am Markt aktiv, sondern liefern an größere Genossenschaften ab. Einige von ihnen sind sehr erfolgreich unterwegs, andere haben es schwer, sich an der Verkaufsfront durchzusetzen, und können ihre Mitglieder kaum oder nicht mit ihren Auszahlungen zufriedenstellen. Wieder andere verstehen ihr Geschäft, es gibt Kooperativen, die 2024 – allen Widerständen zum Trotz – das hundertjährige Bestehen feiern konnten. Wir unterschlagen diese Kaiserstühler Genossen nicht.

Das Gegenstück, die selbstständigen Winzer mit den nicht wenigen Winzerinnen, standen für dieses Buch im Fokus. Sie entscheiden, welche Sorten gepflanzt werden, was ansonsten im Weinberg passiert, wie im Keller gearbeitet wird und wie man im Absatz erfolgreich ist. Ihre Weine werden oft in diversen Führern präsentiert und hoch bewertet. Doch den Menschen

Trauben des Weißburgunders

dahinter ist meist nur eine Randnotiz vergönnt, wenn überhaupt. Anders in diesem Baden-Buch.

Die Qual der Wahl hatte der Autor, der das Weinland schon in den Achtzigerjahren bereiste und dann immer wieder unsicher machte auf der Suche nach Winzern (und Winzerinnen) mit richtig guten Weinen und eigenständigem Profil. Manche waren damals schon bekannt und machten später richtig Karriere. Gerade Entwicklungen der jüngeren Zeit spielten bei der Recherche eine Rolle – ebenso die Persönlichkeiten, ihre Lebensgeschichte, ihr abwechslungsreicher Werdegang, ihre Philosophie, in manchen Fällen auch die speziellen Verwandtschaftsverhältnisse.

Bei der Zahl der Porträts haben wir uns eingeschränkt, um auch der Beschreibung der Bereiche und der wichtigsten Sorten Raum zu geben. Längst nicht alle Weingüter, die es verdient hätten, sind dabei. Aber stets war durchgängige Qualität ein wichtiges Kriterium für die Auswahl.

Ob jemand Mitglied im Eliteverein VDP ist, dem Verband Deutscher Prädikatsweingüter, oder nicht, war nicht ausschlaggebend. Entscheidend waren Fachkompetenz und Fingerspitzengefühl in den Reben und im Keller. Hinzu kommt das, was in vielen Weinbeschreibungen mit dem etwas strapazierten Wort Terroir (von lateinisch *terra* = Erde) bezeichnet wird: die Bodenverhältnisse im Weinberg und ihre Topografie von der Flach- bis zur extremen Steillage. Wenn alles gut zusammengespielt hat, ist die Freude nach dem Einschenken groß.

Etwas von dieser Freude und der Wertschätzung gegenüber den Menschen und ihren Weinen soll dieses Buch vermitteln.

Rudi Knoll, März 2025

Landschaft am Kaiserstuhl

# Genussreise von Nord nach Süd

Für viele Genießerinnen und Genießer ist die Vielfalt ein spezieller Vorzug der badischen Weine – neben deren Eignung zur feinen Küche, die einst sogar zu einer erfolgreichen Werbekampagne den Anstoß gab: Badische Spitzenköche und Kellermeister empfahlen in großformatigen Anzeigen Wein – eine Aktion, der heute noch nachgetrauert wird.

Die Vielfalt der Weine rührt auch von den verschiedenen Bereichen her, in denen Wein angebaut wird. Was verstehen wir unter Bereich?

Dieser Begriff bezeichnet im Weinbau ein genau definiertes Gebiet innerhalb eines bestimmten Anbaugebiets (von denen es dreizehn in deutschen Landen gibt). Bereiche wurden geschaffen, um größere Mengen unter einheitlichen Bezeichnungen zu vermarkten. In der Regel fasst ein Bereich mehrere aneinander angrenzende Lagen und Ortschaften zusammen, aus denen Wein in meist ähnlicher Geschmacksrichtung erzeugt wird. Eine große Bedeutung für Konsumierende haben Bereiche heute kaum mehr, aber als Grundordnung sind sie unverzichtbar. Das Weinland Baden mit seinen neun sehr unterschiedlichen Bereichen reicht von Tauberfranken im Norden bis zum Bodensee im Süden, die Luftlinie ist um einiges kürzer als 400 Kilometer.

Mit zwei Ausnahmen (Badische Bergstraße und Tuniberg) sind für jeden Bereich beispielhaft Winzerinnen oder Winzer porträtiert. Außerdem werden verschiedene Rebsorten kurz vorgestellt. So ergeben sich originelle Geschichten hinter den Weinen und Kreszenzen.

Wenig bekannt ist eine Sonderstellung von Baden, dem südlichsten Weinland Deutschlands: Das Gebiet gehört zur Weinbauzone B der Europäischen Gemeinschaft. Hier gelten grundsätzlich höhere Mindestanforderungen für Qualitäts- und Prädikatswein, wie in Österreich, im Elsass und in der Champagne. Auf dem Etikett wird das »B« nicht angegeben.

Wertheim an der Tauber

# TAUBERFRANKEN

Junge Weinreben

## Tauberfranken. Wo Baden anfängt oder aufhört

Los geht unsere Fahrt in den Süden in einem Bereich, den nur Wein-Wissende zu Baden rechnen: Tauberfranken. Frankens Wein-Hauptstadt Würzburg ist nicht allzu weit entfernt. Das Gebiet, gelegentlich wegen seiner nördlichen Lage scherzhaft als »Badisch-Sibirien« bezeichnet, können nur Eingeweihte genau abgrenzen. Wertheim am Main, Tauberbischofsheim und Lauda-Königshofen mit dem bekannten Weinort Beckstein sind überregional wohl bekannter. Zwei Sorten genießen hier einen besonders guten Ruf: Müller-Thurgau und Schwarzriesling.

Der Landesteil kam erst 1803 zu Baden. Vor fünfhundert Jahren war das Taubertal Kernpunkt des Bauernaufstandes. Der Bischof von Würzburg hat damals Aufständische höchstselbst hingerichtet – was die Franken in diesem Gebiet sicher nicht unbedingt beliebt machte. Heute prägen einige gute Erzeuger die Weinregion; sie orientieren sich eher an einem Spruch, der dem Schriftsteller Clemens von Brentano (1778–1842) zugeschrieben wird: »Tauber heiß ich, Reben schwing ich, trunken in dem Taubergrund, und den Kindern Trauben bring ich, um die Hälse golden bunt«.

Die wenigen verbliebenen Winzer pflegen eine verloren gehende Tradition. Vor zweihundert Jahren umfasste die Fläche auf badischen Gemarkungen fast 6800 Hektar, heute sind es noch etwa 680 Hektar. Die wirtschaftlichen Strukturen haben sich geändert, auch der Klimawandel macht sich hier schon länger bemerkbar.

### Konrad Schlör
### Unerschrocken in »Badisch-Sibirien«

Im Frühjahr 2024 verging dem ansonsten immer fröhlich gestimmten Konrad »Conny« Schlör und seiner Frau Monika das Lachen, als sie nach einer extrem frostigen Nacht die Reben inspizierten. »Ich schätze, dass wir 85 Prozent der Ernte vergessen können«, rechnete er vor. Hier zeigte sich ihnen nicht zum ersten Mal, dass Weinbau riskant ist.

In Reicholzheim hatten sie sich 1984 mit einer Besenwirtschaft und drei Hektar Reben selbstständig gemacht. Beide hatten damals die Lust verloren,

Ausbau in Barriques, Weingut Schlör

die Trauben an die örtliche Genossenschaft abzuliefern – wie es in der Familie üblich gewesen war. Den Besen gab Conny nach rund zwei Jahren auf (»zu viel Stress«). Er konzentrierte sich auf den Weinbau und die Selbstvermarktung. Ein Risiko war damit verbunden, aber die Qualität der Weine trug zum zunehmenden Absatz bei, sodass er boshafte Meinungen vor Ort (»Jetzt hat er es nicht mehr nötig«) ignorieren konnte. Wie einem die Natur mitspielen kann, erlebte er bereits 1985 mit massiven Frostschäden. »Willkommen im Weinbau, du Leichtsinniger«, schien ihm die Witterung damals zu sagen.

Aktuell wurde kurz darüber nachgedacht, den Weinbau und die Reben (immerhin ist die Fläche mit den Jahren auf 7 Hektar angewachsen) aufzugeben. Denn das Rentenalter hat Konrad, Jahrgang 1959, inzwischen erreicht, auch seine Gattin, seit vierzig Jahren an seiner Seite und zuständig für Verkauf und Marketing, ist nicht mehr weit davon entfernt. Eine innerfamiliäre Lösung stand nicht in Aussicht, weil die beiden Kinder früh signalisiert hatten, dass sie nicht Winzer werden wollten, und der muntere, gerade mal neun Jahre alte Enkel Thomas das Ehepaar auf Trab hält.

Ein paar Wochen später war die Stimmung schon wieder positiver. Man machte sich klar, dass noch ausreichend Vorräte im Keller lagen (vor allem rote Sorten). »Wir müssen solche Wetterkapriolen in Kauf nehmen. So etwa fünfmal hat es uns in vierzig Jahren erwischt«, rechnet Konrad vor. »Aber die Arbeit mit dem Wein macht einfach viel Spaß.«

Also geht es wohl mit reduzierter Rebfläche weiter, und wir können endlich aufklären, wo dieses Reicholzheim liegt. Die Dreizehnhundert-Einwohner-Gemeinde, 1178 urkundlich erstmals erwähnt, ist seit 1975 ein Teil der Großen Kreisstadt Wertheim, der nördlichsten fränkischen Stadt von Baden-Württemberg. Reicholzheim gilt als alter fränkischen Weinort; die regionale Gebietswinzergenossenschaft (GWF), eigentlich nur im Anbaugebiet Franken aktiv, zeigte ehemals hier mit einem Ableger Flagge.

Das geografische Kuddelmuddel mag für manche schwer verständlich sein. Es trägt dazu bei, dass die Nordbadener in Reicholzheim weit vom badischen Weinbau entfernt sind (nach Heidelberg sind es mehr als hundert Kilometer). Das Klima kann sehr unterschiedlich ausfallen. Als es die Schlörs im Mai 2024 mit dem schlimmen Forst erwischte, bemerkten die »Südländer« im Großraum Heidelberg, wie Thomas Seeger in Leimen, davon nichts. Zum Schicksal von Conny Schlör, der seit 2010 Mitglied im VDP ist, zählen die weiten Fahrten in den Süden zu Veranstaltungen des renommierten Verbands Deutscher Prädikatsweingüter.

Besucht man ihn selbst zum ersten Mal, wird man bei der Adresse Martin-Schlör-Straße stutzig. Gewidmet ist der Straßenname einem Vorfahren, nämlich dem Urgroßvater und langjährigen Bürgermeister Martin Schlör (1868–1936), der von 1913 bis 1933 als Bürgermeister seinen Heimatort wirtschaftlich inklusive elektrischer Straßenbeleuchtung voranbrachte, ehe ihn die Nazis aus dem Amt jagten. Noch kurz vor der Kapitulation 1945, aber im Beisein der alliierten Soldaten, wurde die Hindenburg-Straße in Martin-Schlör-Straße umbenannt – neun Jahre nach seinem Ableben in der erzwungenen Pension. Für die Kommunalpolitik fand Konrad ebenfalls Zeit: Fünfzehn Jahre war er im Stadtrat aktiv, fünf im Kreistag. Aber schon eine Reihe von Jahren sorgt er dafür, dass Reicholzheim durch die Erzeugnisse aus dem Weingut Schlör im Fokus der Weinmedien steht.

Begonnen hat alles mit einem Müller-Thurgau aus der Literflasche, die dem Autor Ende der Achtzigerjahre in die Finger kam und ihn über den

Konrad und Monika Schlör mit Enkel Thomas

Inhalt staunen ließ. Nachdem festgestellt wurde, wo dieses damals unbekannte Reicholzheim liegt, war ein Besuch fällig, der zur Erkenntnis führte, dass da offenbar ein echtes Talent heranwuchs. Zu erfahren war, dass Konrad Schlör die Fachschule in Weinsberg besucht hatte, um auch im Keller richtig fit zu sein. Hinzu kamen diverse Fortbildungsseminare, die ihn befähigten, an Details im Weinberg und im Keller zu feilen. Auch Bio wurde für ihn relativ früh ein Thema. Er hebt die Schwurhand: »Ich arbeite schon von Anfang an naturnah, verzichte aber auf die Mitgliedschaft in einem Verein.«

Nach dem Müller-Thurgau, den damals sogar das leider seit Langem nicht mehr bestehende Top-Restaurant Schweizer Stuben in Wertheim-Bettingen auf die Karte nahm, ließ Schlör langsam aufblitzen, dass er noch mehr Weinpfeile im Köcher hatte. Sein Ehrgeiz zeigte sich auch darin, dass er sich mit renommierten Kollegen wie Paul Fürst aus dem fränkischen Bürgstadt austauschte, der schon früh zur deutschen Rotwein-Elite gehörte.

Dieser Austausch trug wohl auch dazu bei, dass der Reicholzheimer in einer Gegend, die vorher nie durch Rotwein aufgefallen war, plötzlich mit einer Sorte überraschte, der vor rund fünfundzwanzig Jahren kaum jemand Beachtung schenkte: Schwarzriesling. 2005 stürmte unser Nordbadener mit der Sorte sogar auf das Siegerpodest in der Kategorie »Unterschätzte Sorten« beim Deutschen Rotweinpreis des Magazins *Vinum*. Mit ihr versuchte sich der innovative Winzer auch immer wieder mal an edelsüßen Versionen, um in Wettbewerben vorn dabei zu sein. In der roten Königsklasse Spätburgunder machte sich Conny ebenfalls bemerkbar, spätestens mit einem zweiten Platz beim Rotweinpreis 2007. Die Weine wurden meist in Barriques und im Holzfass ausgebaut. Die Basis für Eleganz und Rückgrat legte er durch entsprechende Pflege der Reben.

»Manchmal macht man auch Fehler beim An- und Ausbau«, gibt der Winzer offen zu. »Aber man muss immer bereit sein, daraus zu lernen.« So hat er inzwischen, wohl auch angespornt durch die Mitgliedschaft im VDP, eine überzeugende Kollektion im Keller.

Den Müller-Thurgau gibt es nach wie vor im Sortiment, nach der Erinnerung keinen Deut schlechter als der legendäre Liter-Müller – und auf Augenhöhe mit dem Silvaner, der es durchaus mit fränkischer Konkurrenz aufnehmen kann. Riesling und Weißburgunder in verschiedenen Kategorien à la VDP (Ortswein, Erste Lage, Große Lage) sind die weißen Stars. Bei Rot glänzt neben Spätburgunder besonders der Schwarzriesling Fyerst 1476 aus der Lage First, die in einer Urkunde von anno 1476 »Fyerst« genannt wurde. Welches Reifepotenzial der Spätburgunder hat, zeigt er mit einem feingliedrig anmutenden, taufrischen 2012er, der zur Frage verleitet: »Habt ihr ältere Jahrgänge vorrätig?« »Einfach nachfragen, überraschen lassen«, lautet die Antwort.

**WEINGUT SCHLÖR**

Martin-Schlör-Straße 22
97877 Wertheim-Reicholzheim
Tel. 09342 4976
www.weingut-schloer.de

## SILVANER

### ein Geheimtipp und in Franken ein Renner

In Nordbaden, am Kaiserstuhl und auch in der Ortenau gilt Silvaner aus dem Keller mancher Winzer als Geheimtipp. Denn bei gedrosseltem Ertrag und sorgfältigem Ausbau kann ein sehr gehaltvoller, eleganter Weißwein mit feiner Säure entstehen. Die Sorte war früher in Deutschland weitverbreitet, mit über 22 000 Hektar in den Fünfzigerjahren. Aber dann verlor sie rasant an Boden, wurde auf dem Altar diverser Neuzüchtungen geopfert und ist heute bei etwa 4400 Hektar gelandet. Gewisse Bedeutung hat sie noch (und wieder) in Franken sowie in Rheinhessen. Hier betrieb man längere Zeit mit der Marke »RS« für Rheinhessen-Silvaner Werbung, die aber nicht gut griff, weil die Qualität der dahinterstehenden Weine meist nicht sehr überzeugte.

Schubkraft hätte dem Thema eine Anerkennung als »Großes Gewächs« in den Reihen des VDP geben können. Aber dafür fehlt bis heute eine ausreichende Zahl passender Weine.

In Baden kocht Silvaner der Menge nach wie vor auf Sparflamme mit etwa 120 Hektar Anbaufläche. Die Franken dagegen haben in den letzten zehn Jahre ihre Liebe zum Silvaner wiederentdeckt. Aber sie haben auch die längste Erfahrung mit der Sorte, die nachweislich erstmals am 10. April 1659 auf den Fluren des Weinguts Castell gepflanzt wurde. Den Import aus dem Donauraum bezeichneten die Franken lange Zeit als »Österreicher«. Dabei war der ursprüngliche Name in Austria eigentlich Grüner Zierfandler. Später wurde festgestellt, dass Silvaner eine natürliche Kreuzung von Traminer mit Österreich Weiß war (eine Rebe, die heute noch in geringem Umfang im Weinviertel zu finden ist, aber nicht mit überzeugenden Ergebnissen).

Inzwischen gibt es in Austria nur mehr wenige Betriebe, die auf insgesamt 20 Hektar überzeugenden Silvaner vorweisen können. Späte Reifung, Winterfrostempfindlichkeit und Anfälligkeit gegen diverse Krankheiten und Schädlinge werden als Gründe für den Rückgang angegeben.

## SCHWARZRIESLING

**»frivoles Leben« und viele Kreuzungen**

Rund 10 000 Rebsorten gibt es nach Expertenschätzungen auf der Welt, ein Viertel davon ist für den Weinbau offiziell zugelassen. Manche haben aus internationaler Sicht Dutzende verschiedene Namen – die nicht selten geeignet sind, für Verwirrung zu sorgen. Man nehme zum Beispiel den Schwarzriesling, der nur in Wuchs und Form eine gewisse Ähnlichkeit mit dem noblen Riesling vorweisen kann, aber ansonsten eigentlich ein Lieferant für Rotwein ist (wenn er entsprechend ausgebaut wird).

Von der Wertigkeit erreicht er kein sehr hohes Niveau, auch die Erntemengen haben nur eine mittlere Größenordnung. An Boden und Klima stellt er keine hohen Anforderungen, geschätzt wird seine Widerstandskraft gegen Frühjahrsfrost. In Deutschland hat die Sorte einen zweiten Namen: Müllerrebe. Denn ihre stark behaarten Blätter auf der Unterseite sehen aus, als wären sie mit Mehl bestäubt.

Bekannt ist, dass die Sorte eine Mutation des Spätburgunders (Pinot Noir) ist. Die Abteilung Rebenzüchtung am Bundesamt für Wein- und Obstbau in Klosterneuburg (Österreich) nimmt an, dass Schwarzriesling so etwas wie ein frivoles, unzüchtiges Leben geführt hat, wegen der Beteiligung an zahlreichen Kreuzungszüchtungen. Als »Liebhaber« soll recht häufig der aromatische Gewürztraminer eine Rolle gespielt haben. Der Rebe wird zudem attestiert, dass sie Urvater (oder -mutter) der Burgunderfamilie ist.

In Deutschland ist sie auf rund 2250 Hektar verbreitet (besonders in Württemberg). In Baden wächst sie vor allem im nördlichen Tauberfranken. Dass sie in Frankreich mit stattlichen 11 000 Hektar vertreten ist, unter der Bezeichnung Pinot Meunier, liegt daran, dass sie neben Pinot Noir und Chardonnay eine der drei offiziellen Sorten für den noblen Champagner ist. Dass sich die Bezeichnung in Deutschland durchsetzt, ist nicht anzunehmen. Denn mit der Aussprache gibt es gewisse Probleme …

BADISCHE BERGSTRASSE

Heidelberg

Mannaberg, Badische Bergstraße

## Badische Bergstraße. Region mit Potenzial

Von Tauberfranken geht es weiter in den Süden. Die Badische Bergstraße, vom Namen her eher bedeutender anmutend, ist mit ihren 380 Hektar der kleinste aller badischen Bereiche. Früher war die Bergstraße vereint mit dem heute eigenständigen Bereich Kraichgau. Burgen und die Stadt Heidelberg prägen das Landschaftsbild. Südlich von Heidelberg ist Wiesloch von der Fläche her ein wichtiger Weinort.

Berühmt ist das »Heidelberger Fass«, das erstmals zwischen 1589 und 1591 für 130 000 Liter gebaut wurde, aber dann einem Zerstörungsakt im Dreißigjährigen Krieg zum Opfer fiel. Beim nächsten Anlauf wurde ein Fass für 200 000 Liter gebaut (vermutlich sogar mit Tanzboden). 1750 entstand schließlich ein Fass für knapp 220 000 Liter. Gefüllt wurde es nur dreimal, weil es nicht unbedingt dicht war. Es blieb erhalten und befindet sich heute im Fasskeller des Heidelberger Schlosses. Im Lauf der Zeit trug es den Ruf Heidelbergs in die weite Welt, weil international viel darüber geschrieben wurde.

Weinbaulich interessant ist für die Badische Bergstraße, dass sie zu den klimatisch bevorzugten Regionen gehört und die Reben sich auf sanften Hanglagen entwickeln können. Schade nur, dass das Potenzial der kleinen Region nicht optimal ausgeschöpft wird. Dabei gibt es hier mit Riesling, Silvaner und Spätburgunder als wichtigste Rebsorten gute Voraussetzungen für Weine, die überregional bekannt sein könnten.

# WEISSBURGUNDER

## eine Charta für eine Sorte mit viel Wachstum

Eine solche Entwicklung würden sich viele Unternehmen in der Wirtschaft wünschen. Seit es eine gründliche Rebsorten-Erfassung gibt, hat die Sorte Weißburgunder regelmäßig Zuwachs, der zwar nicht himmelhoch jauchzen lässt, aber stets nach oben geht. Vor sechzig Jahren waren es 465 Hektar, vor vierzig Jahren 926 Hektar. 1995 standen 1822 Hektar in den Annalen, aus denen 2022 stattliche 6181 Hektar geworden sind. Noch in den Achtzigerjahren waren die Zahlen wohl nicht ganz korrekt, weil vor allem im deutschen Süden gern mal Chardonnay gepflanzt wurde, der dann als Weißburgunder in der Statistik mitlief.

Es gibt eine Reihe von Gründen, warum die Sorte, die auch in Deutschland immer wieder international-modern als Pinot Blanc bezeichnet wird, so beliebt ist. Sie bevorzugt trocken-warme Lagen (die sie in Baden reichlich vorfindet), möglichst ohne Sand- und Gesteinsböden als Unterlage, weil dadurch der Extrakt im Wein niedriger ausfällt. Durch eine lange Reifezeit lassen sich hohe Mostgewichte erreichen (wobei somit mögliche 14 und mehr »Volt« nicht unbedingt wünschenswert sind). Den Ausbau in Barriquefässern kann der Weißburgunder gut vertragen.

Ausgewogenheit im Geschmack, dazu eine zarte, nicht vordergründige Säure mit einem einladenden Aroma nach Nüssen, Äpfeln, Birnen und Zitrusfrüchten, das sind die Attribute, die Kennerinnen und Kenner am Weißburgunder schätzen. Ebenso bietet er sich als sehr guter Begleiter zu vielen Speisen an.

Die Sorte ist seit dem 14. Jahrhundert hierzulande bekannt und auch in anderen Ländern beliebt, in Frankreich als Pinot Blanc, in Italien als Pinot Bianco. In Österreich, der Schweiz und Slowenien wird sie ebenfalls angebaut. Die Südtiroler veranstalten immer wieder mal ein internationales Weißburgunder-Festival.

In Baden hat die Rebe eine Anbaufläche von 1220 Hektar. Hier rührt man speziell für sie die Werbetrommel. 2015 wurde in den beiden benachbarten Bereichen Kraichgau und Badische Bergstraße die Weiße Burgunder Charta als Zusammenschluss von fünfzehn ambitionierten Weingütern gegründet. Federführend sind die Weingüter Heitlinger und Seeger. Im Juli 2024 fand der zweite Weißburgunder-Gipfel in Östringen-Tiefenbach (Kraichgau) statt, auch mit internationalen Weinpräsentationen und Diskussionsrunden. Zum Themenspektrum gehörten die geschmackliche Vielseitigkeit und die Verwendungsmöglichkeiten der Sorte.

Neueröffnung
1. August
internationale Kuche

# KRAICHGAU

Weingärten als Teil der Kulturlandschaft

## Kraichgau. Neulinge als Aushängeschilder

Der südliche Nachbar Kraichgau verfügte früher über keinen hohen Bekanntheitsgrad. Aber einige Weingüter haben Aushängeschild-Funktion in dem Gebiet zwischen Schwarzwald und Odenwald. Manche der Kraichgauer Winzer befinden sich in unmittelbarer Nachbarschaft von Württemberg, sodass Unterscheidungen in Sachen Herkunft nicht einfach sind. Trotzdem gelang es gut ausgebildeten Neulingen in der Szene mit viel Engagement, sich zu profilieren. Eine Genossenschaft in Wiesloch, die immerhin 250 Hektar bewirtschaftet, setzte keine besonderen Akzente. Insgesamt werden über 1300 Hektar bewirtschaftet. Wichtigste Sorten sind bei Weiß: Riesling, Müller-Thurgau, Grauburgunder und der anderswo rare Auxerrois. Bei Rot haben Spätburgunder, Schwarzriesling und Lemberger eine gewisse Dominanz.

Als Weinorte empfehlen sich unter anderem Bruchsal, Leimen, Ubstadt-Weiher, Sulzfeld, Weingarten, Wiesloch, Oberderdingen und Östrich. Lange Zeit war ein Weingut des Reichsgrafen zu Hoensbroech in Angelbachtal-Michelfeld ein Top-Betrieb des Kraichgaus. Aber spätestens im Jahr 2023 endete der Betrieb nach dem Tod des Adeligen, der auch einige Jahre wirtschaftlich zu kämpfen hatte. Immerhin fand sich für die Übernahme und einen Neustart ein Privatwinzer, Tobias Nägele aus Sinsheim-Weiler, der schon einige Jahre die adeligen Weine ausgebaut hatte.

### Thomas Seeger
### Der verhinderte Arzt und seine Frauen

Die Stadt Leimen wurde bekannt durch einen Tennisspieler, der nicht nur im Sport Schlagzeilen machte. Vielleicht hätte ihm eine Tennisspielerin den Rang abgelaufen. Denn eine gewisse Sunni (Susanne) Seeger machte mit dem Racket im Tennis-Leistungszentrum Leimen eine gute Figur, musste sich dann aber mehr um ihre beiden Kinder Anna und Philipp und das Weingut zu Hause kümmern. Ihr Gatte Thomas (Jahrgang 1959) erzeugt hier seit fast zwanzig Jahren auf 12 Hektar großartige Weine.

Das war ihm in der Jugend nicht unbedingt vorbestimmt. Onkel Thomas, ein praktischer Arzt, war ein Vorbild. »Der hatte immer sehr viel Freizeit«,

Thomas Seeger

frotzelt Thomas Seeger gern. »Ich habe ihn beneidet, weil ich im elterlichen Weingut als Jugendlicher ziemlich schuften musste.« Seinem Abiturzeugnis fehlten zwar die überzeugenden Noten für ein Medizinstudium. Doch es reichte für ein Studium an der Weinhochschule Geisenheim. In dieser Zeit befasste er sich viel intensiver mit Weinbau als jemals zuvor, und für seine Diplomarbeit untersuchte er den Boden auf einem konventionell bewirtschafteten Weinberg im Vergleich mit einem alternativ bewirtschafteten Areal. Zu den Erkenntnissen gehörte, dass die alternative Variante einen deutlich höheren Humusgehalt und auch sonst bessere Werte aufwies. Kein Wunder also, dass Thomas Seeger später als verantwortlicher Winzer selbst naturnah wirtschaftete und auf Herbizide und Insektizide gänzlich verzichtete – ohne Ökoetikett.

Er setzte damit eine lange Tradition fort. Erstmals 1655 ist die Familie Seeger als Weinbauern erwähnt. Ein richtiges Weingut mit Kelleranlagen und einer Weinstube, genannt Jägerlust (weil unter den Vorfahren auch Jäger waren), entstand 1895. Im Jahr 1962 übernahm Helmut Seeger nach abgeschlossener Ausbildung zum Weinbautechniker das Weingut, in dem damals schon das Holzfass eine wichtige Rolle spielte – bei einer Fläche von nur 4 Hektar nicht unbedingt selbstverständlich. Eine Generalprobe von Junior Thomas mit einem Ruländer, ausgebaut in einem Fünfhundert-Liter-Holzfass, wurde bestanden. Der Wein war nach zwei Monaten ausverkauft und Thomas sah endgültig ein, dass er zum Winzer berufen war.

Schon als junger Bursche hatte er ein Faible für rote Burgunder. Aber die waren damals bereits sündteuer. Also machte er sich an deutsche Alternativen, obwohl Spätburgunder in Deutschland in den Achtziger- und frühen Neunzigerjahren noch eher bedeutungslos war. Bei den Weinen wurde kompromisslos auf Qualität gesetzt, nicht nur bei Rot, sondern auch bei Weiß.

Eine Art Urknall war die »Entdeckung des Jahres 1996« im *Gault & Millau*. Hier wurde Thomas attestiert, dass er das Weingut mit viel Engagement in die badische Spitzengruppe geführt habe. Damals ließ er auch beim Deutschen Rotweinpreis von *Vinum* die Muskeln spielen und fiel zunächst mit zweiten Plätzen auf, die dem Ehrgeiz Nahrung gaben. Als er 1997 zweimal für erste Ränge auf das Podium klettern musste, war er schon fast Stammgast. Die Rebfläche von rund 6,5 Hektar verdoppelte er mit den Jahren. »30 Hektar wären aufgrund der Nachfrage möglich gewesen«, schätzt er und

Anna Seeger mit Zula und Mali

lächelt. »Wir haben immer nur so viel Wein gemacht, wie wir selbst trinken können. Und wir waren immer in der Lage, die wesentlichen Arbeitsschritte im Weinberg und Keller im Griff zu haben.« Die Aufnahme in den Verband Deutscher Prädikatsweingüter (VDP) erfolgte relativ spät, erst 2010. Aber seitdem ist er ein Aushängeschild des Vereins.

Ein guter Absatzweg war über etliche Jahre hinweg die von Schwester Barbara geführte Jägerlust-Weinstube, die einen legendären Ruf wegen ihrer Frikadellen und ihres Kartoffelsalats hatte (seit 2011 nur noch auf Vorbestellung erhältlich). Hier konnte man durchaus mal Thomas als Helfer beim Gläserspülen finden und gelegentlich Fußballtrainer Hansi Flick, ein Freund des Hauses, bei einer Weinprobe. In der Jägerlust nahm den aufstrebenden Jungwinzer Seeger erstmals seine spätere Frau zur Kenntnis. »Ein hübscher Kerl«, erinnert sie sich. »Aber nicht so zugänglich.« Nach zehn Jahren funkte es endlich richtig und bald konnte man sich über zwei Kinder freuen (Philipp, 1996 geboren, Anna, 2001).

Die Entscheidung, wer von den beiden einmal die Nachfolge antreten wird, ist schon vor einer Weile gefallen. Anna wird die 13. Generation im Hause Seeger verkörpern, auf Basis eines Studiums in Geisenheim und einiger guter Ausbildungsstätten. Nachdem Philipp früh mitgeteilt hatte, dass er nicht ins Weingut einsteigen will, kam Anna durch die Teilnahme an Siegerehrungen auf den Geschmack, dass ein Winzerinnen-Leben nicht nur Arbeit und Feingefühl für Reben und Wein bedeutet, sondern auch Spaß machen kann. Ihr ist bereits eine eigene Kollektion »Anna Marie« mit Spätburgunder, Chardonnay, einer weißen Cuvée und Goldmuskateller gewidmet. Von letzterer Sorte naschte sie aus dem Glas der Mutter, was bei ihr noch im jugendlichen Alter erstmals das Interesse weckte, es selbst zu versuchen. Papa Thomas konnte ihrem Wunsch nach einer Anpflanzung nicht widerstehen, sein Argument »brauchen wir nicht«, fand kein Gehör. Er besorgte Reben aus Frankreich. Der 2023er von Anna heimst überall Beifall ein.

Ganz so schnell schaffte es Thomas selbst nicht in seinem Winzerdasein. Die großen Erfolge stellten sich zunächst mit Rotwein ein (Anteil 45 %),

Thomas und Susanne Seeger mit Tochter Anna

und hier vor allem mit Spätburgunder. Aber auch mit Blaufränkisch und Frühburgunder wurden Akzente gesetzt, Schwarzriesling war für Überraschungen gut. Die Lagenangabe Spermen bei Burgunder und Blaufränker sorgt gelegentlich für sanfte Anzüglichkeiten, aber mit dem Verweis, dass der Samen perfekt aufging.

Dass Thomas Seeger auch für Weißwein ein sehr gutes Händchen hat, stellte sich 2020 beim Wettbewerb Riesling Champion von *Vinum* heraus. Mit einem Riesling aus der Lage Heidelberger Herrenberg katapultierte er sich ins Rampenlicht und kam mit weiteren Weinen auf hohe Noten. Zu verdanken hatte er das Gattin Sunni, die mehrere Seeger-Rieslinge ins Rennen geschickt hatte, ohne Absprache mit dem Gatten. Auch Tochter Anna war indirekt mit im Spiel, denn die Trauben für den Siegerwein wurden an dem Tag geerntet, als sie das Licht der Welt erblickte.

Zur weißen Kollektion kommen noch Weiß- und Grauburgunder sowie Chardonnay hinzu (Thomas: »Ein Sieger der Klimaveränderung«), ebenso Sekt nach dem Champagner-Verfahren, aber aus eigener Manufaktur. Und 1990 wurde das alte Brennrecht wiederbelebt. In einer eigenen Brennerei entstehen Trester, Williams, Kirsch, Quitte und Weinbrand. Wer mal Lust hat, sich durch die flüssige Welt von Thomas Seeger zu verkosten, stürzt sich ins Weingut am »Tag des offenen Kellers« immer Anfang Mai – eine Idee von Chefin Sunni, der dafür auf Knien gedankt gehört.

**WEINGUT SEEGER**

Rohrbacher Straße 101
69181 Leimen
Tel. 06224 72178
Info@seegerweingut.de
www.seegerweingut.de

## Weingut Klumpp
## Steiler Aufstieg aus winzigen Anfängen

Bei der Anfahrt zum Weingut lernt man zuerst einen wohl typisch deutschen Schildbürgerstreich kennen. »Sie haben Ihr Ziel erreicht«, teilt das Navi-System mit, als das Auto in die Heidelberger Straße in Bruchsal einfährt. Aber die Zieladresse Hausnummer 100 ist nirgendwo zu sehen. Also fährt man etwas weiter, wendet und sieht tatsächlich nach einigen Hundert Metern auf einer Anhöhe rechter Hand ein stattliches rostfarben-braunes Gebäude, das ein Weingut sein könnte und sich dann auch von Weitem durch den Schriftzug »KLUMPP« zu erkennen gibt. Die Erklärung folgt bald darauf: »Wir liegen an der Bundesstraße 3, da sind Hinweisschilder nicht zugelassen«, lässt Senior Ulrich Klumpp (Jahrgang 1957 und noch immer voll im Betrieb engagiert) wissen. Entsprechende Anträge bei den Behörden blieben erfolglos.

Weingut Klumpp, Bruchsal

Weingut Klumpp, Außenanlagen

Als er 1983 im Stadtkern von Bruchsal als Garagenwinzer mit 0,5 Hektar begann, wurde er angeregt von der Mutter, die eine Weinstube betrieb. Sein Berufsziel war, ein richtiger Winzer zu werden. Eine Art Vorbild lieferte der Vater, dessen durchgegorene Weine allerdings oft als »saure Brüh« verurteilt wurden. Doch von ihm hat Ulrich Klumpp die Grundausbildung für eigenständige Weine vermittelt bekommen. Später holte er die Gesellen- und die Winzermeisterprüfung nach. Aber da er früh geheiratet hatte, fehlte das Geld, um voll durchzustarten. So trat er eine Stelle als Verwaltungsbeamter an, seine Gattin wurde Bankkauffrau. Beide hatten Ehrgeiz in Sachen Wein. Gespart wurde eisern, die Rebfläche konnte zunächst in kleinem Umfang erweitert werden. Schon 1986 fiel er dem Magazin *Vinum* positiv auf, weil er geradlinige, durchgegorene Weißweine erzeugte. Die Kontakte von Gattin Marietta ermöglichten einen mutigen Kredit von 1,5 Millionen D-Mark. Damit konnte 1990 ausgesiedelt und die Rebfläche auf 7 Hektar recht stattlich vergrößert werden. Es war ein mutiger Schritt, weil außerdem zwei Buben das Licht der Welt erblickt hatten, die versorgt werden mussten: Andreas (1984) und Markus (1979).

Doch das Weingut kam gut voran. 1992 ging das Ehepaar ein neues Risiko ein: die Umstellung auf ökologischen Weinbau in einer Zeit, als Bio-Weine in Deutschland keinen sonderlich guten Ruf hatten, weil die Qualität oft nicht stimmig war. Der Vermarktung gab dies zunächst keine Schubkraft, auch deshalb, weil Bruchsal damals nicht unbedingt bekannt für Weinbau war, sondern eher für Spargel, ein Schloss, eine Justizvollzugsanstalt und, wie Andreas scherzt, »die Staudurchsagen auf der A5-Autobahn«.

Die Weine wurden immer besser, rote Sorten fielen positiv auf und der Sekt erwies sich als zunehmend beachtlich, deshalb ging es weiter aufwärts, auch durch die angeschlossene Gaststätte (die allerdings 2006 wegen der zunehmenden Arbeitsbelastung geschlossen wurde). Da war schon klar, dass die beiden Söhne einsteigen würden. Andreas, der jüngere, meint dazu: »Wir haben früh bei unseren Eltern gesehen, wie viel Arbeit in einem Weingut anfällt. Aber das hat an unserer Zielsetzung nichts geändert.«

Und die Brüder sorgten dafür, dass die Arbeit nicht weniger wurde. Inzwischen sind sie bei 42 Hektar Fläche angekommen, verteilt auf 190 Parzellen im Umkreis von bis zu 15 Kilometern. »Das ist wohl jetzt das Ende der Fahnen-

Markus und Andreas Klumpp

stange«, meint Andi, der im Betrieb als »Rebenflüsterer« gilt, weil man eine klare Arbeitsteilung eingeführt hat: Der Jüngere, der bei renommierten Weingütern wie Knipser, Christmann (Pfalz), Knoll (Wachau) und an der Uni Geisenheim sowie in Südafrika ausgebildet wurde, ist zuständig für den Außenbetrieb. Er will die Mineralik in den Sorten wecken, setzt auf Rebmaterial aus der Bourgogne und möglichst alte Rebstöcke. Bei der Ernte ist selektive Lese eine Grundvoraussetzung für bestes Traubenmaterial. Sein »großer« Bruder Markus saß auch in Geisenheim im Hörsaal und machte, wie Andi, ein Praktikum im südafrikanischen Stellenbosch, das besondere Folgen haben sollte …

Aber bleiben wir noch eine Weile beim Weingut Klumpp und seinen Weinen. Bio wurde trotz der anfänglichen Zurückhaltung bei Weinfreunden beibehalten. Schon seit 1996 ist das Gut offiziell zertifiziert. Der Durchschnittsertrag von nur rund 50 Hektoliter pro Hektar verrät, dass man auf hohe Qualität aus ist. Weiße Sorten wie Grau- und Weißburgunder, Chardonnay, Riesling und der schwer aussprechbare Auxerrois haben einen Anteil von 80 Prozent. Bei Rot hat man Spätburgunder, Blaufränkisch und St. Laurent zu bieten.

Die Weinqualität wird in diversen Führern mit sehr guten Bewertungen quittiert. Nur gelegentlich, wenn es einen Klumpp nach Bayern zu einer Verkostung verschlägt, wird er damit konfrontiert, dass im weiß-blauen Staat das phonetisch sehr ähnliche Wort »Glump« für eine Ansammlung ausgedienter, funktionsuntüchtiger Gegenstände steht. Da ist es schon besser, wenn die Klumpps selbst Gastgeber sind. Sie offerieren übers Jahr ein stattliches Programm mit »Tag der offenen Keller«, »After Work« in den Reben, einem »Sommerfest«, »Grill-Partys« unter freiem Himmel und Firmenevents in den eigenen Räumlichkeiten.

Gäste und Kundschaft zu finden, ist durch den Ruf, den sich das Weingut mit den Jahren erworben hat, inzwischen nicht mehr schwer. Alle paar Minuten fährt ein Pkw auf den Parkplatz vor dem Betrieb. Wenig später werden Kartons in den Kofferraum gepackt. Auch Riesling-Sekt, hergestellt beim »Großmeister« Raumland in Rheinhessen, ist oft darunter und vielleicht noch einige Destillate, die »Rentner« Ulrich verantwortet.

Wer sich durch die rund zwanzig Weine verkostet, hat nichts zu kritisieren, aber viel zu loben. An der Spitze stehen die Lagenweine aus Fluren wie Himmelreich, Kirchberg und Rothenberg, die sich im Preis – gerechtfertigt durch ihre Feinheiten – etwas abheben von Orts- und Gutsweinen.

Das entspricht ungefähr den Vorschriften des deutschen Nobelverbands VDP, dem rund zweihundert deutsche Top-Güter angehören. »Könnte vielleicht ein Thema für uns werden«, meint Andreas. Vorsichtig angeklopft wegen einer Mitgliedschaft wurde schon mal.

Ohnehin ist bereits ein VDP-Betrieb indirekt in das Weingut Klumpp involviert, mit einer Geschichte, die fast märchenhaft klingt. Der Hochschule Geisenheim wird manchmal unterstellt, dass diese Ausbildungsstätte für junge Winzerinnen und Winzer ein Heiratsinstitut sei. Markus war hier in einem Semester mit einer Jungwinzerin von der Ahr, deren Vater Werner Näkel (Jahrgang 1953) aus Dernau damals zu den besten deutschen Rotweinwinzern zählte und der das kleine Gebiet erst richtig bekannt gemacht hat. Beruflicher Zufall sorgte dafür, dass sich Markus Klumpp und Näkel-Tochter Meike auf Informationstouren in Südafrika kennenlernten. Das war 2003, als Markus ein von Werner Näkel und dem Top-Winzer Neil Ellis ins Leben gerufenes Weingut besuchte, das mit seinem Top-Wein »Zwalu« (Afrikaans für Neuanfang) neue Maßstäbe setzte. Meike Näkel wollte dort gerade Tipps für die Arbeit im Weinkeller einholen, um sich auf die Tätigkeit im elterlichen Keller vorzubereiten.

Es dauerte nicht lange, bis die beiden über eine gemeinsame Zukunft nachdachten – obwohl ein Problem vor ihnen lag: Sie war an der Ahr zu Hause, wo sie gebraucht wurde, und er 250 Kilometer entfernt im Badischen, wo Bruder und Vater auf einen Mitstreiter für den Keller warteten. Meike hatte sich schon vorher etwas mit Baden anfreunden können durch eine Ausbildung bei Joachim Heger. Man tüftelte über Lösungen – und heiratete schließlich 2011. Inzwischen sind drei Kinder auf der Welt (13, 11 und 8 Jahre jung). Markus sieht sie meist, wenn er nach einigen Tagen im Keller an die Ahr pendelt. Umgekehrt fährt Meike gen Süden, auch weil sie wissen will, wie sich eine gemeinsame Weinlinie mit dem schönen Namen »Hand in Hand« entwickelt. Natürlich hat sie Mitspracherecht bei der Vinifikation.

Ursprüngliche Idee war eine Cuvée mit Wein aus Baden und von der Ahr. Aber diese wäre nur als Tafelwein zu vermarkten gewesen. Und es stand zu befürchteten, dass durch die unterschiedlichen Bodenstrukturen kein richtig harmonischer Gemeinschaftswein entstehen würde. Also suchte das Paar nach passenden Flächen im Kraichgau, fand sie und startete mit dem Jahrgang 2009 mit Spätburgunder. 2011 folgte ein Grauburgunder, 2013 Rosé-Sekt.

Nicht vergessen darf man, dass die romantisch anmutende Liebesgeschichte durch ein Naturereignis, das Hochwasser im Juli 2021 an der Ahr, fast ein gewaltsames Ende gefunden hätte. Damals war Meike in Dernau mit ihrer Schwester in der Kelterhalle tätig, um diese für die zu erwartende Flut zu rüsten. Die Kinder waren im Haus der Familie ein Stück weg vom Fluss untergebracht. Als das Wasser immer schneller stieg, mussten sich die Schwestern schwimmend auf einen Baum retten und wurden erst acht Stunden später von der Feuerwehr erlöst. Ihr Kommentar hinterher: »Wir hatten nur eine Wahl, schwimmen oder sterben.«

Das »Hand in Hand« bekam an diesem Abend eine ganz andere Bedeutung. Mit dem Ahr-Weingut geht es wieder voran. Der Gemeinschaftswein aus Bruchsal ist auf andere Art gut unterwegs. Fragt man Markus nach der Auflage, gibt er sich zurückhaltend: »Gut fünfstellig, darunter viel Export in rund zwanzig Länder.«

**WEINGUT KLUMPP**

Heidelberger Straße 100
76646 Bruchsal, Tel. 07251 16719
www.weingut-klumpp.com

# AUXERROIS

## oder wie heißt der?

Eigentlich hat die Rebsorte keine sonderliche Bedeutung. Sie bringt es insgesamt, weil anspruchsvoll bei der Lage und empfindlich gegen Frost, in Deutschland nur auf rund 150 Hektar, von denen etwa 70 Hektar auf Baden und hier vor allem auf den Kraichgau entfallen. Dass ihre Elternrebsorten Pinot und Heunisch sind, die früher mal im einst weitverbreiteten Gemischten Satz offenbar nicht voneinander lassen konnten, ist wenig originell, ebenso wie der Weg, auf dem die Sorte nach Deutschland kam. Denn bei früheren Völkerwanderungen war es häufig der Fall, dass Rebstöcke mit in die neue Heimat genommen wurden – so auch bei den französischen Protestanten (Hugenotten), die vor rund 330 Jahren aus dem katholischen Frankreich auswanderten. Das waren immerhin etwa 50 000 Familien; nicht wenige wurden als Winzer sesshaft.

Der französische Ursprung der Sorte ist klar. Namensgebend ist die Stadt Auxerre in der Region Bourgogne-Franche-Comté. Dort schätzte man früher die weinigen Ergebnisse wegen ihrer feinen Würze und ihrer milden Säure sowie der gewissen Ähnlichkeit mit Chablis. Eine namentliche Verwechslungsgefahr besteht, weil die rote Sorte Malbec in Cahors als Auxerrois bezeichnet wird und hier im französischen Südwesten für ausdrucksstarke Rotweine steht. Hin und wieder wird ein Wein auch als Pinot Auxerrois bezeichnet, was nicht unbedingt für Farben-Klarheit steht.

Schwierigkeiten gibt es immer wieder mit der richtigen Aussprache. Zu erkennen ist das oft auf Weinmessen, wenn Interessierte Weinlisten studieren, bei Auxerrois stutzig werden, mit dem Finger auf die Liste deuten und murmeln: »Eine Probe von dem da«, oder etwas von sich geben, das wie »Ochsenrohr« klingt – womit man der passenden Aussprache »Ockseroa« schon recht nahegekommen ist. Tatsache ist, dass Auxerrois zu den wenigen Sorten gehört, für die es im Internet zahlreiche Aussprache-Hilfen gibt.

Wie lange die Rebsorte schon in Baden angebaut wird, verrät Weinfan Günter Mair aus Leonberg, dessen Gattin mit den Inhabern des Weinguts Zipse in Sinsheim-Weiler im Kraichgau verwandt ist. Der Betrieb war, mit Segen des Staatsweinguts Karlsruhe-Durlach, das erste private Weingut, das vor rund siebzig Jahren ohne offizielle Erlaubnis Reben setzte und noch heute mit saftigem, trocken ausgebautem Auxerrois die richtige Aussprache verbreitet.

## LEMBERGER/BLAUFRÄNKISCH

**schon mal »Vino da Verbotola«**

Der Lemberger ist – zumindest in Deutschland – ein »Kind« von Württemberg. Früher wurde er auch Limberger genannt oder Blauer Limberger. Diese Zufallskreuzung aus Blauer Zimmettraube und Weißer Heunisch (ein Massenträger früherer Zeiten) erblickte vermutlich im heutigen Slowenien (einst Untersteiermark) das Licht der Weinwelt. Mit rund 400 Hektar wurde er in Deutschland erstmals vor fünfzig, sechzig Jahren richtig wahrgenommen, bekam dann aber immer mehr Zuwachs und ist heute auf rund 1930 Hektar im Anbau, wobei 1770 Hektar auf Württemberg entfallen. Die besten Lemberger tragen den Namen Blaufränkisch und wachsen im österreichischen Burgenland und inzwischen auch in der Region Carnuntum östlich von Wien.

Die Württemberger beharrten früher auf einen Sortenschutz für ihre Region, auch wegen der regionalen Spezialität Trollinger x Lemberger, eine Cuvée, die in der Regel mit ihrem Kürzel »TL« für eher einfache Weine stand und steht. Die Badener mussten sich ihr Anbaurecht für Lemberger regelrecht erkämpfen. Ein Vorreiter war hier das Kaiserstühler Weingut Keller in Oberbergen, das sich schon in den Achtzigerjahren des letzten Jahrhunderts mit den Behörden anlegte. Der Lemberger wurde anonym als Tafelwein verkauft. Als eine Füllung beim Deutschen Rotweinpreis in den Neunzigerjahren einen Spitzenplatz belegte, wurde er ergänzend als »Vino da Verbotola« präsentiert.

Recht raffiniert begegnete ein fränkischer Ökowinzer dem Verbot: Gerhard Roth aus Wiesenbronn wagte sich an die österreichische Sortenbezeichnung Blaufränkisch, deklarierte sie auf einem Rückenetikett und machte den störrischen Behörden deutlich, dass man in Franken nicht eine Rebsorte mit fränkischem Namen verbieten könne.

Irgendwann nahm die Sturheit der Behörden ein Ende. Die Bezeichnung Blaufränkisch wurde auch deshalb außerhalb von Württemberg erlaubt, weil man an der internationalen Wertschätzung für den Blaufränker aus Österreich teilhaben wollte. In diversen Länderkämpfen machte Austria deutschen Erzeugern mehrfach klar, dass deren Lemberger gegen den gehaltvollen Blaufränkisch keine echten Gegner waren. Das hat sich inzwischen geändert. Auch Baden öffnete sich für Blaufränkisch, vor allem im Kraichgau und am Kaiserstuhl, mit teilweise exzellenten Ergebnissen. Ein Trollinger x Blaufränkisch wurde bislang noch nicht gesichtet. Denn das mögliche Vorbild TL hatte und hat in Kennerkreisen keinen großartigen Ruf.

ORTENAU

Steillage bei Durbach

## Ortenau. Klingelberger und Bocksbeutel

Vom Kraichgau geht es in einen lang gezogenen Bereich gen Süden. Bei dessen Namen denken Weinkennerinnen und Weinkenner zunächst einmal an eine wichtige Rebsorte, die auf den insgesamt rund 2500 Hektar eine gute Verbreitung hat. Die Ortenau ist die südlichste Riesling-Region Deutschlands. Die Sorte hat hier im Raum Durbach auch noch einen zweiten Namen, nämlich Klingelberger. Schade nur, dass der extra gebildete Verein Klingelberger e. V. sich vor einigen Jahren von der Szene abmeldete, weil kein Betrieb sich für eine Fortsetzung stark machen wollte.

Vielfach wächst der Riesling in steilen Lagen, schon aus der Tradition heraus. Unter klösterlicher Regie wurden die Reben früher in Flachlagen angepflanzt. Als sie für den Ackerbau gebraucht wurden, rodete man Hänge und schuf so viele wertvolle Steillagen, die heute einen hohen Anteil an der Rebfläche in der Ortenau haben.

Neben Durbach genießen einige Weinorte wie Waldulm, Sasbachwalden, Ortenberg, Oberkirch, Gengenbach, Rammersweier und Zell-Weierbach einen guten Ruf. In Durbach ist ein bedeutendes Weingut zu Hause: Schloss Staufenberg im Besitz des Markgrafen von Baden (beschrieben im Kapitel Bodensee). Nicht vergessen darf man in diesem Zusammenhang Baden-Baden und dessen Stadtteile Neuweier, Steinbach-Umweg und Varnhalt. Wenn die Winzerinnen und Winzer wollen (was sie aber eher selten tun), können sie ihre Weine auch in den fränkischen Bocksbeutel füllen – wie schon vor rund zweihundert Jahren. Urheber war Freiherr Franz-Philipp Knebel, um 1782 Herr auf Schloss Neuweier, aber gebürtig aus Franken. Er brachte aus seiner Heimat die Bauchflasche mit und fand auch Mitstreiter für die Abfüllung guter Weine in dieser Form. Heute noch wird sie von einigen Betrieben für überdurchschnittliche Weine verwendet.

Die Franken, sehr darauf bedacht, »ihre« Flaschenform zu schützen, votierten vor dem Europäischen Gerichtshof gegen diese Verwendung und verlangten vor etwa fünfzig Jahren Markenschutz, scheiterten hier aber ebenso wie mit ihrem Verlangen nach einem Verbot des bekannten Mateus Rosé aus Portugal, der auch seit Jahrzehnten in bauchige Flaschen gefüllt wird, und zwar schon seit 1942. Die Herkunft der Flaschenform wird den Franken vermutlich nicht gefallen: Vorbild waren Feldflaschen der Soldaten im Ersten Weltkrieg.

Rebhänge bei Offenburg

Kommen wir zurück zum Riesling, der in der Ortenau wegen seiner qualitativen Möglichkeiten besonders geschätzt wird. Deshalb veranstaltet die regionale Werbung Weinparadies Ortenau jedes Jahr einen Wettbewerb zur Kür der »Top Ten« beim Riesling (und auch beim Spätburgunder).

Nicht unerwähnt bleiben darf eine weitere Besonderheit der Ortenau: Hier gibt es bundesweit mit Abstand die meisten Brennereien, nämlich rund siebentausend! Allein in Oberkirch (knapp 20 000 Einwohner) sind neunhundert Hausbrennereien registriert – die Stadt kann sich damit Brennerhauptstadt Deutschlands nennen. Der Boom wurde hervorgerufen durch den »Schnaps-Bischof« von Straßburg, Kardinal Armand Gaston de Rohan, der 1726 allen bäuerlichen Untertanen des Amtes Oberkirch das Brennen gestattete – mit dem Hintergedanken, damit seine Steuereinnahmen kräftig sprudeln zu lassen.

Brände aus Obst sind das beliebteste Produkt. In den vergangenen Jahren war auch Wacholder für die Erzeugung von Gin stark gefragt.

## Schloss Ortenberg
### Der Hotel-Gentleman als Winzer

Das A in seinem Familienamen hat Symbolcharakter. Denn der erste Buchstabe im Alphabet ist bei Thomas H. Althoff ein zarter Hinweis auf eine Top-Position in der nationalen und internationalen Hotelszene. Achtzehn Hotels sind es aktuell in Deutschland, Frankreich, Großbritannien und der Schweiz, bei denen er Eigentümer ist. In Deutschland sind besonders das Seehotel Überfahrt am Tegernsee und das Grandhotel Schloss Bensberg zu nennen. »Althoff-Collection« ist der Name für fünf Nobelhotels in Deutschland, Frankreich und dem Vereinigten Königreich. Mit weiteren Hotels spricht er andere, aber gehobene Zielgruppen an. Einige Pläne für die Zukunft liegen vor. Und passend dazu, dass der Mann im bedeutenden Weinjahrgang 1953 geboren ist, hat er sich zuletzt dem Wein intensiver zugewandt und wurde Chef eines Weinguts in der Ortenau.

»Wein spielt in allen meinen Häusern eine wichtige Rolle. Wir achten stets auf Qualität. Denn zu guter Gastronomie gehört auch guter Wein«, ist seine berufliche Erfahrung. Diese begann jedoch denkbar schlecht. Seinen ersten Wein probierte er als Zwölfjähriger und er hat ihn bis heute in Erinnerung: »Ein furchtbarer Weißwein.« Vielleicht prägte sich damals schon bei Thomas Althoff ein »nie wieder so etwas« ein. Zunächst einmal, und für etliche Jahre, machte er Karriere in einer umkämpften Branche. Vorher hatte er Kaufmann in einer Brauerei gelernt, dann war er kurzzeitig in Marketing und Vertrieb tätig. »Aber mir waren schon in der Jugend zwei Dinge klar. Ziel war die Selbstständigkeit. Und ich wollte nicht in anonymen Großunternehmen tätig sein.«

Die Eltern betrieben ein kleines Geschäft mit Tapeten und Bodenbelägen in Wuppertal. Er startete als Einundzwanzigjähriger mit einem kleinen Hotel in Aachen. Weil die finanziellen Mittel fehlten, musste er Mädchen für alles sein, mit Gästeempfang, Kellnern und Zimmerreinigen. Ein Jahr später schrieb er bereits schwarze Zahlen und machte weiter mit Hotels im Schwarzwald und im Harz. Dann ereilte ihn der Ruf der Best Western Hotels, wo jemand gesucht wurde, der deren Konzept und Geschäft in Deutschland aufbaute. Er lernte viel über die Branche und hatte nach vier Jahren rund hundert Hotels für Best Western in Deutschland fit gemacht, aber zugleich

Thomas Althoff

eine eigene Beratungs- und Betreuungsgesellschaft gegründet. Mit der bekam er 1984 Zugriff auf das Vier-Sterne-Hotel Regent in Köln, das zu einer Keimzelle des Erfolgs wurde.

Die Beziehung zur feinen Küche knüpfte er im nahen Belgien. »Hier lernte ich die französisch inspirierte Kulinarik kennen, die mir aufzeigte, was in der Gastronomie möglich ist.« Eine ihn auf diesem Feld prägende Zeit war die Spanne von 1997 bis 2008, als in seinem Schlosshotel Lerbach in Bergisch-Gladbach die spätere Küchenmeisterlegende Dieter Müller (Jahrgang 1948) am Herd stand und für die geniale Küche mit drei *Michelin*-Sternen belohnt wurde. Als 2005 ein Dieter-Müller-Kochbuch zum Dreißigjährigen seines Wirkens am Herd erschien, spielte der Wein darin eine Rolle mit der Vorstellung deutscher Edelgewächse von 1973 bis 2003, deren Erträge die Weinkarte des Hauses zierten. Vertreten waren Erzeuger wie Fürst, Knipser, Weil, Diel, Molitor, Ruck, Breuer, Prüm und Castell. Baden war vertreten mit Bernhard Huber, Franz Keller und Burg Ravensburg. Ein Schloss Ortenberg, auf das wir bald überleiten werden, war damals kein Thema.

Sicher ist, dass Thomas Althoff spätestens in jener Zeit neben dem Bestreben, seine Hotels als begehrte Unterkünfte zu managen und immer Ausschau nach passendem Zuwachs zu halten, mehr Bezug zum Wein fand und darauf achtete, dass seine Häuser ein überzeugendes Weinangebot zu bieten hatten. Zum Weinsammler wurde er selbst nie. Hin und wieder gönnte er sich besondere Gewächse, vor allem aus dem Bordelais. Er erinnert sich an eine Probe mit seinem Geburtsjahrgang 1953, bei der er eine »homöopathische Dosis Mouton Rothschild« eingeschenkt bekam, und hat »tolle Erinnerungen an einen reifen Château Petrus aus Bordeaux«. Aber er selbst sah sich nie veranlasst, einen eigenen Keller anzulegen. »Schließlich hatte ich immer Zugriff auf tolle Weine, am liebsten welche mit wenig Säure. Mein Liebling ist Spätburgunder.«

Dafür überlegte er schon vor gut zwanzig Jahren, ob er sich nicht ein eigenes Weingut anschaffen sollte. Elke Diefenbach-Althoff, die ihrem Gatten bei seinem unternehmerischen Werdegang (vor vierzig Jahren begonnen) zur Seite stand, mahnte: »Das kann richtig in zusätzliche Arbeit ausarten.« Aber er ließ sich nicht bremsen. »Ich habe sogar eine Kaufempfehlung aus Südafrika bekommen, aus der bekannten Herkunft Stellenbosch. Aber das war mir dann doch etwas zu weit weg.« Grundvoraussetzungen waren für ihn eine für eine Hotelkette angemessene Größenordnung, gute Referenzen und Qualitätspotenzial. Nach einer Marktumschau wurde man auf Schloss Ortenberg aufmerksam.

Das Weingut erweckte einen sehr guten Eindruck, inklusive des vorhandenen Teams. Zunächst einmal machte Thomas Althoff sich mit der Geschichte des Betriebs und seiner besonderen Konstellation vertraut. Ursprung war anno 1300 ein Kranken- und Armenhospital als Stiftung von Offenburger Bürgern. Zwei Jahrhunderte später hatte sich neben dem Hospital ein kleines Weingut entwickelt. 1975 ging es in das Eigentum der Stadt Offenburg über. Es gab außerdem noch das Weinbauversuchsgut des Ortenaukreises unter Regie des damaligen Landkreises Offenburg.

Da zwei Weinbaubetriebe praktisch nebeneinander unter kommunaler Leitung nicht unbedingt eine ideale Verbindung darstellten, kam es 1997 zu einer Fusion mit der Stadt Offenburg und dem St.-Andreas-Weingut. Dabei entstand, mit dem Ortenaukreis als Eigentümer, ein Betrieb mit über 40 Hektar Fläche und einem Standort mitten in den Reben über dem Ortenberger

Käfersberg. Ein Zweckverband mit Kreis- und Stadträten war seitdem für die Leitung des stattlich gewordenen Weinguts zuständig.

2018 kam es zu ersten Kontakten. Der Hammer fiel dann am 2. Dezember 2020, als die versammelten Räte einer Verpachtung des Weinguts an Thomas Althoff für zwanzig Jahre zustimmten. Ein Verkauf war nicht angestrebt, wohl aber die Zusicherung des Hotelchefs, dass die Weine künftig auf den Weinkarten seiner Hotels platziert werden sollten. Die offizielle Übernahme erfolgte im Mai 2021. Man sprach von einer Win-win-Situation, weil das 45-Hektar-Weingut mit viel Granit in den steilen Fluren im Eigentum der Kommunen verblieb, aber diese langfristig einen Partner gefunden hatten, der eigenständig agieren wollte und dabei auf Teamwork setzte. Wichtig war für ihn auch der Segen von Gattin Elke: »Ein tolles Weingut, mitten in den Reben. Thomas brennt dafür, das ist für ihn kein Hobby, sondern eine Berufung.«

Der Pächter hat es in Ortenberg mit altgedienten Profis zu tun, mit Geschäftsführer Matthias Wolf, der Erfahrungen in Südafrika und Neuseeland sammelte, und mit Hanspeter Rieflin, ein gebürtiger Badener, seit 1997 verantwortlicher Kellermeister. Er hat zuletzt grünes Licht für sanften Rebschnitt bekommen, eine noch junge Methode aus Italien, die unter anderem der Förderung der Pflanzengesundheit dient. Die Umstellung auf Bio (Mitgliedschaft bei Ecovin), ist seit Langem vollzogen. Außerdem wurden bei Spezialisten in Amerika Boden- und Blattproben in Auftrag gegeben, um festzustellen, ob irgendwelche Mangelerscheinungen bestehen.

Neben klassischen Sorten, vor allem Burgunder, wird es künftig Viognier geben. (Althoff: »Wird wohl durch den Klimawandel ein Gewinner.«) Dass das Weingut für ihn noch mehr ins Blickfeld rückt, liegt auch daran, dass er 2020 die operative Unternehmensführung für die Hotels abgegeben und mehr Spielraum für Schloss Ortenberg hat. Das »gewisse Grundwissen«, das er sich selbst für Wein attestiert, kann ausgebaut werden. Wie es darum bestellt ist, konnte am Tegernsee im Hotel Überfahrt bei einer Verkostung festgestellt werden. Der Reihe nach:

**2022 Chardonnay St. Andreas 1. Gewächs:** »Großartiger Wein, bei dem Granit aus dem Boden durchschimmert.«

**2022 Grauburgunder Andreasberg:** »Duft nach Kräutern, Pfeffer, toller Essenbegleiter.«

**2021 Riesling Großes Gewächs Geislesbrunn:** »Der lag im 900-Liter-Betonei. Ich bin begeistert, raffiniert und perfekt balanciert.«

**2022 Weißburgunder Steingrüble:** »Elegant, feine Holznote, einer meiner Lieblinge.«

**2022 Spätburgunder Granit:** »Sehr elegant, Spiel, kraftvoll.«

**2021 Collection Furore:** »Eine rote Cuvée mit feinen Kräutern, viel Spiel, außergewöhnlich.«

**2012 Pinot Noir:** »Sanfte Tannine, elegant, feinmaschig. Steht noch sehr frisch im Glas.«

Der im Februar 2024 neu verpflichtete Verkaufsleiter Sebastian Wilkens, der früher im Althoff Fürstenhof in Celle tätig war und mitverkosten durfte, scheint nach so präzisen Aussagen schon zu überlegen, ob da nicht Konkurrenz im Unternehmen heranwächst … aber im Fazit ist man sich einig: Seit dem Althoff-Einstieg gibt es eine schmeckbare Qualitätssteigerung auf der ganzen Linie.

**WEINGUT**
**SCHLOSS ORTENBERG**

Am St. Andreas 1
77799 Ortenberg
Tel. 0781 93430
www.wso-wein.de

Weingut Andreas Laible, Weinberg

## Weingüter Laible und das Problem mit zwei Söhnen

Viel Fachwerk bestimmt in dem Viertausend-Einwohner-Erholungsort Durbach das Erscheinungsbild. Abgerundet wird es drum herum durch zahlreiche, teils steile Rebhänge, die schon aus der Distanz erkennen lassen, dass damit reichlich Arbeit verbunden ist. Bewältigt wird diese von vierzehn Weinbaubetrieben inklusive einer Genossenschaft. Zweimal taucht ein Name auf, der Durbach überregional bekannt machte: Laible.

Senior Andreas (Jahrgang 1948, aber immer noch aktiv) hat viel Aufbauarbeit geleistet, Haus, Hof und Keller einst als talentierter Handwerker teilweise selbst gebaut und damit den Familienbesitz (seit 1672) mit damals lediglich 4 Hektar in Steillagen fit für die Zukunft gemacht.

»In der Ortenau kann ihm keiner das Wasser reichen«, stellte der *Gault & Millau Weinguide* 1997 fest. Das lag daran, dass Andreas Laible ein penibler Winzer mit Fachkompetenz und großem Ehrgeiz war. Schon als Zwölfjähriger vinifizierte er erstmals Wein. Es wurde ihm sogar nachgesagt, dass er gelegentlich im Keller nächtigte, um die Gärung der Weine zu überwachen. Aber es gab noch ein Familienleben. Seine Frau Ingrid (ebenfalls noch immer aktiv) schenkte ihm nämlich zwei Söhne: Alexander (Jahrgang 1978) und Andreas (1975), die sich beide zu hoffnungsvollen Jungwinzern entwickelten – womit ein Problem entstand. Denn für ein Duo als Nachfolger des Seniors war der Betrieb doch zu klein geraten, zumal es nicht leicht war, in Durbach Rebfläche zu kaufen oder zu pachten.

In der Landwirtschaft zählt noch immer, dass der Erstgeborene übernimmt. Das war in diesem Fall Andreas, der Nachfolger von Andreas senior wurde. Der Junior hatte seine Ausbildung bei Schloss Ortenberg und dann beim Metternich'schen Weingut in Durbach gemacht. In Weinsberg folgte der Abschluss als Weinbautechniker. Zwischendrin war er ein halbes, prägendes Jahr bei Österreichs Starwinzer Willi Bründlmayer.

Eine ähnlich hochkarätige Ausbildung absolvierte Alexander, aber nach dem Verlassen des Familienbetriebs musste er erst einmal zusehen, ob es vielleicht einen eigenen Weg in die Selbstständigkeit gab. »In einer Übergangsphase habe ich für sechs verschiedene Betriebe gearbeitet, auch noch etwas zu Hause geschafft, weil ich das Gefühl für guten Wein nicht verlieren wollte.«

Weingut Alexander Laible, Nebengebäude

Dass in jener Zeit ein Film mit dem Titel *Zwei sind einer zu viel* in die Kinos kam, war für ihn wohl kein Trost.

Aber dann bekam er die ersehnte Chance, weil sein Großcousin Eugen Schlindwein die eigenen Weinberge in Sinzheim bei Baden-Baden abgeben wollte. Damit war der erste Grundstein für ein eigenes Weingut gelegt. Er konnte den Rebbestand übernehmen und gleichzeitig seinen Verwandten als Außenbetriebsleiter gewinnen. Im Durbacher Ortsteil Unterweiler gab es die Möglichkeit zum Aufbau eines eigenen Betriebs. Teilweise konnte hier bestehende Bausubstanz genutzt werden (u. a. eine alte Mühle aus dem Jahr 1856, die 2009 komplett für Veranstaltungen restauriert wurde). Ein Standort beim Großteil seiner Reben gut 40 Kilometer nördlich bei Sinzheim kam für ihn nicht infrage, es musste schon Durbach sein. Das Grundstück im Heimatort war die Empfehlung einer Bank.

Aber vieles entstand mit Unterstützung der Evangelischen Bruderschaft Kecharismai, ein eingetragener Verein innerhalb der Evangelischen Landes-

Weingut Andreas Laible, Durbach

kirche in Württemberg, deren Mitglieder überwiegend in der Gartengestaltung, im Blumenhandel und in eigenen Gartenbaubetrieben tätig sind. Eines ihrer Ziele ist es, den Menschen Freude an der Natur zu vermitteln. »Ohne die Blumenmönche hätte ich das nie geschafft«, dankt Alexander im Rückblick. Vermutlich zog die Fäden Senior Andreas Laible, der mit einem der leitenden Mönche befreundet war. Der versprach ihm, dass man nicht mit Geld, aber mit Manpower helfen werde, und so packten Glaubensbrüder kräftig mit an.

Im Jahr 2007, noch in einem Provisorium, konnte Alexander seinen ersten Jahrgang abfüllen und gleich Aufmerksamkeit bei den Weinführern erzielen. Ein privater Höhepunkt war 2010 die Hochzeit mit Betriebswirtin Corinna. Kurz zuvor, 2009, war das Weingut mit dem großen »AL« auf dem Etikett Entdeckung des Jahres im *Gault & Millau Weinguide*. Auch Andreas ist längst verheiratet. Gattin Petra war 1998/99 Bodensee-Weinhoheit. Mit jeweils zwei Kindern, alle offenbar schon weininteressiert, dürfte die Zukunft langfristig gesichert sein.

Andreas und Alexander Laible

Inzwischen haben beide Betriebe ein gesundes Wachstum erlebt. Alexander, der längerfristig eine Mitgliedschaft im VDP anstrebt – die das brüderliche Weingut schon lange hat –, kann inzwischen 13 Hektar vorweisen (95 % davon Weiß). Andreas, der sich wie der Vater auf die Top-Lage Durbacher Plauelrain und den hier zu Spitzenleistungen auflaufenden Riesling konzentriert, ist bei rund 8 Hektar angelangt. Nachdem ihm der Vater 2013 an seinem 65. Geburtstag den Betrieb übergeben hat, ist er offiziell Chef.

Als Alexander aufgrund der Umstände gezwungen war, eigene Wege zu gehen, machte das Gerücht die Runde, es sei alles nicht ohne Groll abgelaufen. Aber eine andere Lösung hatte sich aufgrund der geringen Betriebsgröße nicht angeboten. Trotzdem war im Vorfeld einer gemeinsamen Besprechung und Verkostung eine Nachfrage angebracht. Also Anruf bei Alexander mit der Frage: »Bekomme ich euch beide gemeinsam an den Tisch?« »Warum denn nicht«, lautete die Antwort. »Wir grillen auch immer gern gemeinsam.«

Die Vorliebe für Riesling haben sie auch gemeinsam. Herb oder trocken ist die bevorzugte Geschmacksrichtung. Andreas baut seine Weine gern im Edelstahl aus, schätzt die Spontangärung. Auch sanfte Frucht, meist im halbtrockenen Bereich, bleibt nicht ausgespart. Weiß- und Grauburgunder, Traminer, Gewürztraminer, Muskateller und Scheurebe sind – in geringem Umfang – Ergänzungssorten, wobei Grauburgunder und Chardonnay (gereift in 500-Liter-Fässern) neben zweimal Riesling zur VDP-Kategorie Große Lage gehören. Für den Top-Riesling aus der Flur Am Bühl gilt die Empfehlung: Zeit lassen. Bei der Probe im Mai 2024 begannen die beiden Jahrgänge 2017 und 2019 gerade erst aufzublühen. Zwei Drittel seiner Weine verkauft Andreas an Endverbraucher.

Bei Alexander geht gut ein Drittel an Stammkunden weg. Beachtlich sind 15 Prozent Absatz in die nahe gelegene Schweiz. Gut bestückt ist er mit Grauburgunder (»Chara« ist hier eines seiner Aushängeschilder). Neben dem wichtigen Riesling sind Sauvignon Blanc und Scheurebe weiße Ergänzungssorten, ebenso wie die Roten Spätburgunder und Blaufränkisch, in der Regel aus dem 500-Liter-Holzfass. Sekt hat er auch noch zu bieten. Aushängeschild ist der Rosé Brut »Marie Sophie«. Ein Gin ALX dry ergänzt das Sortiment.

**WEINGUT ANDREAS LAIBLE**
Am Bühl 6, 77770 Durbach
Tel. 0781 41238
www.andreas-laible.com

**WEINGUT ALEXANDER LAIBLE**
Unterweiler 48, 77770 Durbach
Tel. 0781 2842380, 0171 4224554
www.weingut-alexanderlaible.de

Pia von Drabich-Waechter

## Die Weinheldin und ihre besonderen Männer

Einige Frauen spielen eine wichtige Rolle in Badens Weinwirtschaft, im eigenständigen Weinbau, als starke Person hinter den Kulissen, aber auch ganz solo im Handel. Die Rede hier ist von Pia von Drabich-Waechter aus Baden-Baden, die unter »Weinhelden« firmiert, die man aber auch selbst als Weinheldin bezeichnen kann, weil sie mit besonderen Weinen von besonderen Menschen unterwegs ist.

Schuld daran war genau genommen ein besonderer Mensch, nämlich ihr Vater Günther von Drabich-Waechter, der schon vor über vierzig Jahren im Weinhandel erfolgreich neue Akzente setzte, zunächst als Betreiber einer Handelsfirma, später gemeinsam mit der Tochter. Ihr übertrug er einen gutartigen Virus und sorgte gleichzeitig dafür, dass sie in Sachen Wein überdurchschnittlich fit wurde. »Er war und ist immer Teil meines Lebens«, sagt sie über ihren Vater (der sich 2008 in den Weinhimmel verabschiedete).

Pia (Jahrgang 1969) machte ihr Abitur in der gestrengen Schule in Salem, ging vier Jahre später von der Ludwig-Maximilians-Uni als Diplom-Volkswirtin ab, arbeitete einige Zeit in der Tourismusbranche und stieg dann in die Weinszene ein, zuerst mal zum Lernen. Der Vater nutzte seine Kontakte, sodass sie in kleinen und großen Betrieben Frankreichs viele Details kennenlernte, von der Arbeit im Weinberg und Keller bis zum wichtigen Verkauf.

2009 machte sie sich mit einem relativ klein anmutenden Laden in Baden-Baden selbstständig. Weil sie einen ideenreichen Architekten geheiratet hatte, konnten die Räumlichkeiten optisch aufpoliert werden. Die Bestätigung, dass Gatte Peter W. Kruse sein Geburtshaus gut behandelt hatte, folgte mit einem Nachhaltigkeitspreis.

Für Pia war von Anfang an klar, dass ein klassischer, kleiner Weinladen etwas wenig zum Überleben war. Also machte sie sich in Sachen Onlinevertrieb schlau und wurde aktiv, auch in den sozialen Medien. Gern lädt sie zu Weinveranstaltungen ein, die meist fröhlichen Charakter haben. Einen Katalog mit dem kompletten Sortiment hat sie schon einige Jahre nicht mehr aufgelegt. Das sei Papierverschwendung, der Auftritt im Netz sei viel wirkungsvoller, so ihre Erfahrung.

Auffällig wird sie als Händlerin durch ihre persönlichen Weinhelden, nämlich die Erzeuger aus verschiedenen Ländern, die keinen berühmten

Namen haben sollen, sondern sich unter Entdeckungen oder Geheimtipps einreihen lassen. Dreißig solcher Köpfe aus ganz Europa kann man aktuell auf ihrer Homepage begrüßen, aus Deutschland (Löwenanteil), Spanien, Portugal und Frankreich. Deutsche Beispiele sind die Pfälzer »Weinheldin« Barbara Roth, die mit ihrem Gatten Thorsten Ochocki den Wilhelmshof für erstklassige Sekte bekannt machte, der aufstrebende Axel Bauer aus der Ortenau und von der Mosel »Altstar« Nik Weis aus Leiwen mit klassischen Riesling-Varianten sowie der aufstrebende Pfälzer Christian Nett (Bergdolt-Reif & Nett).

Sammler und Liebhaber reifer Tropfen können außerdem fündig werden auf einer umfangreichen Raritätenliste, die nicht nur mit hochpreisigen Weinen protzt, sondern auch mit einigen Schnäppchen aufwartet. Nur wenige durchbrechen die 200-Euro-Schallmauer. Der aktuelle Senior im Sommer 2024 war ein 1954er Marchese di Barolo Riserva für 185 Euro.

Und damit die Interessierten ihrer Homepage nicht nur für wenige Minuten treu bleiben, ist das Angebot mit Informationstexten garniert, die durchaus lesenswert sind. Die Blogbeiträge behandeln Themen wie »Lieder über Wein«, »Musik und Wein«, stellen Rezepte vor, die mit Wein gut kombinierbar sind, beschreiben Regionen der Weinherkünfte und geben Tipps zu Weinen, die mit Eis genossen werden können. Weil fast zwangsläufig

»Griechischer Wein« von Udo Jürgens aufgeführt wird, fehlt nur noch griechischer Wein im Sortiment. »Wird nachgeordert«, verspricht Pia.

Was sie selbst sehr schätzt, sind gute persönliche Kontakte zu ihren Lieferanten. Hier dürfen wir zwei Winzern den Vorzug geben, die einige Schwierigkeiten in ihrem Winzerleben zu überwinden hatten. Fangen wir mit der Jugend aus ihrer unmittelbaren Nachbarschaft in Sinzheim-Ebenung an.

Für Johannes Kopp (Jahrgang 1989) begann die Winzerlaufbahn mit einer Lehre beim Pfälzer Top-Weingut Bürklin-Wolf und einem längeren Aufenthalt in Australien als gerade Zwanzigjähriger. »Da habe ich Freunde fürs Leben gefunden, zu denen ich immer noch Kontakt pflege.« Es folgte eine Ausbildung zum Weinbautechniker in Weinsberg, die er aber urplötzlich abbrechen musste. Denn Vater Ewald, der sich erst 1996 selbstständig gemacht hatte, sich sein Rüstzeug von Bernhard Huber aus dem Breisgau holte und seine Trauben nicht mehr an die Genossenschaft in Varnhalt ablieferte, nahm trotz einer sehr positiven Entwicklung des schnell wachsenden Betriebs im Frühjahr 2012 Abschied aus dem Leben.

Biowinzer und Restaurantbetreiber Johannes Kopp mit seinen schottischen Hochlandrindern

Johannes und seine Mutter Birgit überstanden den Schock. Der im gleichen Jahr eingebrachte Jahrgang 2012 von damals 17 Hektar bekam bereits im *Gault & Millau* 2014 ausgezeichnete Bewertungen, die zeigten, dass nichts am Potenzial verloren gegangen war. Der Jungwinzer hatte offenbar viel von dem umgesetzt, was er in der Ausbildung und von seinen internationalen Kontakten gelernt hatte. »Ich liebe es, in den Weinbergen zu stehen und mich immer wieder neuen Herausforderungen zu stellen.« Nur wurden es immer mehr Weinberge; inzwischen ist er bei 32 Hektar angelangt und setzt als Naturliebhaber schon mal Schafe zur Pflege der Reben ein. Die Jagd und die Pflege des heimischen Wilds gehören außerdem zu seinen Hobbys. 2022 wurde die erste Bio-zertifizierte Ernte eingebracht, gleichzeitig mit der Mitgliedschaft bei Demeter, dem besonders strengen Ökoverband.

Im Keller stellte Johannes auch einiges um. Das Ziel sind stimmige, trockene Weine mit möglichst wenig Alkohol. Weißburgunder aus der Basislinie, von der gleichen Sorte ein Wein mit viel Rückgrat, Chardonnay aus Lagen sowie feinmaschiger Spätburgunder fanden Gnade vor Pias Zunge. Alle diese Weine sind das Resultat niedriger Erntemengen. »Eigentlich mache ich Weine, wie sie schon der Urgroßvater erzeugt hat«, meint Kopp. Mit ein bisschen Fantasie kann man sich vorstellen, dass er bei der Weinerzeugung auch seine Lieblingsmusiker und -bands als Unterstützer dabei hat, etwa The Doors und The Rolling Stones. Besonders passt deren Hit »Satisfaction«.

Die Hände in den Schoß zu legen, ist nicht sein Ding. Seit 2021 ist er glücklich verheiratet und Vater einer Tochter. Einige Tausend Flaschen Spätburgunder, Chardonnay und Riesling liegen in einem Altweinkeller. Und fertig ist inzwischen auch ein Projekt, für das einige Widerstände zu überwinden waren, nämlich ein komplett neues Weingut mit Restaurant im Achtzig-Einwohner-Dörfchen Ebenung in enger Nachbarschaft der Reben und des alten Betriebs. Mit dem Bau beauftragt wurde ein namhafter Architekt, der spezialisiert ist auf anspruchsvolle Einfamilienhäuser. Als die Pläne für Gebäude mit Villencharakter und Penthouse als Wohndomizil für die Familie bekannt wurden, gab es zunächst heftige Proteste einer Bürgerinitiative, die durch das großzügige Restaurant im ersten Stock in Verbindung mit dem Weingut eine Verkehrsbelastung für den kleinen Ort befürchtete. Inzwischen hat sich die Bevölkerung an den lang gestreckten Baukörper, der sich gut in die Umgebung integriert, gewöhnt. »Ebenat« heißt das Restaurant, für das Kopp dem

Weingut Kopp mit Restaurant Ebanat, Ebenung

international auf hoher Ebene erfahrenen Gastronomen Stefan Schmidt das Vertrauen schenkt. Zielsetzung: hochwertige und unkomplizierte Kulinarik.

Von einem Weingut namens Kopp ist der Sprung nicht weit zu einem ungewöhnlichen Winzer mit dem Namen Knapp, der in Baden-Baden aktiv ist. Er stammt aus der Ortenau, ist gelernter Architekt und war als Winzer in den Achtziger- und Neunzigerjahren in der Provence in Frankreich sehr erfolgreich. Seine ersten Reben-Kontakte hatte Heinz J. Knapp, als er in jungen Jahren seinem Ortenauer Onkel bei der Arbeit im Weinberg beistand. Als Architekt war er international unterwegs (etwa in Stockholm), er hielt aber auch beruflich weiter Kontakt zur Heimat und war in den Sechziger- bis Achtzigerjahren an einer Reihe von badischen Projekten beteiligt, unter anderem bei der Rathauserweiterung in Baden-Baden (1974, 1978). Vergessen wurde er dadurch in seiner alten Heimat nicht, auch nicht als er 2000 sein Architekturbüro an den Sohn übergab und bald darauf seine Flächen in Frankreich verpachtete.

Da war er als 1930 Geborener schon deutlich im Rentenalter. Aber er nahm doch erfreut zur Kenntnis, dass in Baden-Baden sein Erfolg als nebenberuflicher Winzer in der Provence nicht verborgen geblieben war. 2005 erhielt er eine Anfrage der Stadt zur Übernahme und Neuanlage von Reben beim Jagdhaus im Westen der Stadt. Der damals Fünfundsiebzigjährige zögerte nicht, griff zu und konnte seine Fläche 2012 noch erweitern durch 8 Hektar im historischen Stadtkern von Baden-Baden. Ein größerer Teil musste wegen der vernachlässigten Reben gerodet werden. Hilfestellung beim An- und Ausbau gab ihm ein Pfälzer Önologe. Für die Anlage eines Kellers war Improvisieren gefragt. Eine Bauanfrage für einen Kellerneubau machte dem Winzer-Spätstarter deutlich, wie Behörden gelegentlich arbeiten. Über acht Jahre musste er auf grünes Licht warten.

Weil ihm Weinanbau und Ausbau noch nicht genügen, ließ Knapp 2019 einen 4 Kilometer langen Rundweg von Eckberg bis Schafberg anlegen. Man kann dabei ein herrliches Panorama bewundern – und das Wachstum der Sorten: Gewürztraminer, Weißburgunder, Merlot und Pinot Noir sowie seit einigen Jahren auch Grüner Veltliner, für dessen Anbau erst eine offizielle

Heinz J. Knapp

Genehmigung beantragt werden musste. Die Mühe hat sich gelohnt, der Wein imponiert mit feiner Würze und Struktur; obwohl ihn Knapp immer einige Jahre reifen lässt, ist er taufrisch und kann sehr guten, typischen Österreichern Konkurrenz machen.

Wer rastet, der rostet, ist seine Devise. Hin und wieder treffen Spaziergänger auf einem Panoramaweg einen sportlichen Senior, der flott joggt; und auch auf dem Golfplatz ist er aktiv – dabei hat er eigentlich schon seit 1995 das Rentenalter erreicht. Im Gespräch klingt er allenfalls wie ein Anwärter für die Rente ab 2040.

**WEINHELDEN**

Pia von Drabich-Waechter
Lange Straße 87
76530 Baden-Baden
Tel. 07221 30229912
www.weinhelden.de

**WEINGUT KOPP**

Ebenunger Staße 23
76547 Sinzheim-Ebenung
Tel. 07221 803601
www.weingut-kopp.com

**WEINGUT KNAPP**

Maximilianstraße 87
76534 Baden-Baden
Tel. 07221 28080
www.weingut-knapp.shop

# RIESLING

## heißt in Durbach Klingelberger

Ihren Ursprung hat die Sorte im Rheintal. Die erste schriftliche Erwähnung des Sortennamens konnte in einer Rechnung vom 13. März 1435 von einem Klaus Kleinfisch aus Rüsselsheim an seinen Dienstherrn Graf Johann IV. von Katzenelnbogen gefunden werden. Hier war nachzulesen: »Item 22 ? umb seczreben Rüßlingen in die Wingarten«. Kann sein, dass die Sorte schon vorher in Rüsselsheim angebaut wurde, aber seit über hundert Jahren gibt es in der Opel-Stadt am Main keinen offiziellen Weinbau mehr – und schon gar keinen Riesling. Der gedeiht derweil in der Nachbarschaft, vor allem im Rheingau, wo er mit weitem Abstand (knapp 2500 ha) die Hauptsorte ist. Noch deutlich mehr Riesling können die freilich viel größere Pfalz (5900 ha) und Mosel-Saar-Ruwer (rund 5400 ha) vorweisen.

Der Rheingau hat mit Riesling noch einen deutschen Rekord zu bieten: 1987 wurde ein 1735er Johannisberger Riesling aus dem Raritätenlager des Weinguts Schloss Schönborn in Hattenheim für 53 000 D-Mark an einen deutsch-kanadischen Unternehmer versteigert. Über den Zustand des Weins wurde nie etwas verbreitet. Ein anderer Adeliger aus dem Badischen sorgte Jahrzehnte nach der Ernte der Johannisberger Legende dafür, dass Riesling in seinem Reich eine Sonderstellung bekam. 1782 ließ Karl Friedrich Markgraf von Baden in seinem Weingut Schloss Staufenberg in Durbach in der Flur Klingelberg 2200 Rieslingstöcke pflanzen; weitere 1500 Reben folgten im Jahr darauf.

Die Setzlinge gediehen gut, der Saft daraus wurde sortenrein ausgebaut, seine Qualität schnell überregional bekannt, Stecklinge vom Klingelberg waren bald auch andernorts begehrt. Kein Wunder, dass sich »Klingelberger« als Synonym für guten Riesling aus der Ortenau einbürgerte. Schon vor geraumer Zeit wurde auch ein Verein gegründet, der Qualitätsrichtlinien für Weine erarbeitete, die als »Klingelberger 1782« deklariert werden sollten, nämlich alte Reben, Erträge von maximal 50 Hektoliter pro Hektar und 90 Grad Oechsle Mindestmostgewicht.

Leider hat sich der Förderverein Klingelberger 1782 e. V. inzwischen aufgelöst. Aber fünfzehn Durbacher Betriebe unter Regie der schlagkräftigen örtlichen Genossenschaft machen noch einen Gemeinschaftswein aus jeweils 40 Liter ausgewähltem Riesling. Kellermeister Rüdiger Nelles vermählt sie nach strenger Vorkontrolle. Außerdem gibt es die Möglichkeit für jeden Betrieb, einen gereiften Riesling mit einem 1782er-Etikett zu offerieren. Und Klingelberger bleibt in Durbach und Umgebung ein zulässiges Synonym für Riesling.

Bleibt noch festzuhalten, dass der Riesling genau genommen nicht von edler Herkunft ist. Bei den Elternteilen waren auch der einstige Massenträger Heunisch und Wildrebenbestände mit im Spiel. »Genetische Phänomene« seien nach Meinung von Wissenschaftlern mit verantwortlich gewesen für die Zusammensetzung. Was zählt, ist das erfreuliche Ergebnis.

## TRAMINER

**mit vielen raffinierten Sortenkindern**

Diese Rebe ist in der Lage, etwas Verwirrung zu stiften. Denn sie wird in Baden sowohl als Gewürztraminer als auch als Roter Traminer bezeichnet, obwohl es – was sonst zu vermuten wäre – keine ampelografischen Unterschiede gibt. Nur die Haut ist beim Roten Traminer rötlich verfärbt. Aber der Saft, der abfließt, wird Weißwein, mit der typischen Würze und Rosen-Aromatik des klassischen Traminers. Im Geschmack ist der Gewürztraminer normalerweise ein körperreicher Wein; der leicht rot gefärbte Rote Traminer bringt meist mehr Ertrag und weniger Aroma. Dass schon mal ein Winzer den Versuch unternahm, aus Rotem Traminer einen Rosé à la Grauburgunder zu erzeugen, ist nicht bekannt.

Früher war der Traminer oft Bestandteil des gemischten Satzes mit reich tragenden Sorten wie Heunisch, Elbling und Gutedel. Die Pflanzen selbst können eine ungewöhnliche Stabilität aufweisen. So steht im pfälzischen Rhodt noch ein Traminer-Weingarten, der vor über vierhundert Jahren angelegt wurde. Die verbliebenen gut dreihundert knorrigen Stöcke tragen immer noch; ein bisschen Weißburgunder ist mit im Spiel.

Woher der Traminer kommt, ist unklar. Gern wird der Ort Tramin in Südtirol schon wegen des Namens als Herkunftsort bezeichnet. Bezeugt ist, dass er bereits im 15. Jahrhundert als Messwein tauglich war. Aber eine Verbreitung in größerem Stil scheiterte unter anderem an der hohen Neigung zum Verrieseln und damit an geringen Ernten.

In Deutschland hat der Traminer eine Anbaufläche von etwa 1120 Hektar. Die Sorte entstand vermutlich aus mitteleuropäischen Wildreben und war dann bei natürlichen Kreuzungen ein Pate. Unter anderem ist sie ein Elternteil von Grünem Veltliner, Riesling, Cabernet Sauvignon und Sauvignon Blanc, Pinot Noir. Letztlich haben wir dieser Rebsorte eine prächtige Sortenvielfalt zu verdanken.

Das erklärt nur noch nicht, warum im badischen Durbach ausgerechnet der Gewürztraminer als Clevner bezeichnet wird, während Clevner in Württemberg ein zweiter Name für Frühburgunder ist. Hängt das vielleicht mit den früher üblichen, recht zahlreichen Synonymen für Rebsorten in Deutschland zusammen? Klävner, Klebinger, Rotklävner, Fränkischer, St. Clausler, Dreimännertraube, Fleischrot, Rotweiner, Sandtraminer und Kleinwiener sind Bezeichnungen, die sich in alten Lexika finden lassen. Der Durbacher Rote Traminer heißt deshalb so, weil die Sorte wohl aus einem Ort in Oberitalien stammt, der mal Clevner hieß und später zu Chiavenna wurde. Heute liefert die Rebe körperreiche Weine mit niedriger Säure.

## SCHEUREBE

**großartig als edelsüße Spezialität**

Sie hatte Ende der Siebzigerjahre des letzten Jahrhunderts rund 4000 Hektar Rebfläche in Deutschland. Weil damals edelsüße Weine stark nachgefragt waren, erfreute sich die Rebe größerer Beliebtheit durch ihre Eignung für edelsüße Weine mit Aromen von Johannisbeere, Honig und exotischen Früchten. Aber diese Stilistik verlor an Bedeutung, sodass die »Scheu« (so wird sie gern von Weinfreunden genannt) in der Rebfläche auf rund 1400 Hektar zurückging. In Baden sind es trotz guter klimatischer Voraussetzungen nur etwa 60 Hektar bei 16 000 Hektar badischer Gesamtfläche.

Die Sorte ist eine Züchtung, vorgenommen 1916 von Rebenzüchter Georg Scheu aus Alzey. Dieser war damals der Meinung, es handle sich bei den Eltern um Riesling und Silvaner. Erst 2012 wurde festgestellt, dass neben Riesling eine damals noch unbekannte Sorte aus einer fränkischen Züchtung von anno 1864 im Spiel war, und zwar die Bukettrebe (Silvaner x Trollinger). Es dauerte, ehe das Verdienst des Züchters im Namen der Sorte verewigt wurde. Bis Ende 1945 wurde sie als Sämling 88 und ab Mitte der Dreißigerjahre als Dr.-Wagner-Rebe bezeichnet, nach dem Namen eines NSDAP-Politikers. 1950 hatte der Sortenname Scheurebe noch ein wenig bekanntes »Vorspiel«. Favorit war zunächst Scheu's Riesling. Aber der Züchter votierte mit dem Einwand dagegen: »Ich weiß doch, wie die Roihesse meinen Namen ausspreche, nämlich Schei.«

Heute ist die Scheurebe eher ein Nischenprodukt, das als Rebe große Ansprüche an die Lage stellt (vergleichbar mit Riesling). Weil die Trauben vor allem auf kalkhaltigen Böden lange reifen und der Säureabbau spät beginnt, eignet sie sich – wie erwähnt – für die Gewinnung edelsüßer Weine mit rassigen Elementen. Hier kann sie schon als leichter, aber aromatischer Qualitätswein (Kabinett) mit verspielter Säure und dezenter Süße glänzen. Seit einigen Jahren richten die Zeitschriften *Das deutsche Weinmagazin* und *Wein+Markt* einen Sorten-Wettbewerb aus, für den rund zweihundert Weine in verschiedenen Geschmacksvarianten aufgeboten werden.

# BREISGAU

Freiburg im Breisgau

## Breisgau. Die Nachfolger der Klöster

Der südliche Nachbar der Ortenau ist der Breisgau, das Gebiet von Lahr bis Freiburg/Breisgau mit knapp 1800 Hektar Weinbau, die weinrechtlich verteilt sind auf zwei Großlagen: Burg Lichteneck und Burg Zähringen. Gern genutzt wird das Gebiet von einigen Winzern, die im südlichen Teil des Gebiets aktiv sind und das Potenzial des Breisgaus mit seinem schon früher milden Klima und der ausgiebigen Sonnenscheindauer schätzen. Und so richtig bekannt gemacht – oder wiederbelebt – hat einer der deutschen Senkrechtstarter das Gebiet seit den Achtzigerjahren: der leider viel zu früh verstorbene Bernhard Huber aus Malterdingen.

Kenzingen wurde hier als einer der allerersten Weinorte in deutschen Landen bereits 773 genannt. Die Klöster waren es, die einst den Weinbau kultivierten. »Malterer« war schon vor langer Zeit ein Synonym für erstklassigen Spätburgunder und ist es heute wieder. Mit Malterdingen ist Lahr der Vorzeige-Weinort des Gebiets. Eine interessante, etwas abseits gelegene Region ist das Glottertal, das Fernsehberühmtheit erlangte, weil hier in den Achtzigerjahren die TV-Serie *Schwarzwaldklinik* teilweise gedreht wurde, allerdings ohne Weinbegleitung. Doch dem Tourismus soll es geholfen haben.

Um den Wein kümmern sich einige Privatwinzer und eine kleine, feine Genossenschaft (Roter Bur) mit hundertvierzig Mitgliedern, die nur 60 Hektar bewirtschaften (Spezialität: Weißherbst).

Wenig bekannt ist, dass im heutigen Rinzberghof 1964 ein renommierter Kaiserstühler Winzer aktiv wurde, nämlich Wolf-Dietrich Salwey aus Oberrotweil. Er begann mit 20 Ar und weitete den Betrieb später auf 4 Hektar aus. Als er 2011 tödlich verunglückte, machte seine Schwester Franziska weiter. Sie stellte in den letzten Jahren um auf Bio und pflanzte neben Spätburgunder und Grauburgunder auch einige Piwis (siehe ab S. 194).

## Von Bernhard zu Julian Huber
## Ein Abschied ist noch nicht das Ende

Begrüßt wird man in dem stattlichen Weingut etwas außerhalb der Ortsmitte von Malterdingen vom munteren Vierbeiner Percy, einem dreijährigen Labrador, der mit seinem fröhlichen Gebell der Seniorchefin des Hauses Barbara Huber meldet, dass Besuch eingetroffen ist. Gleich darauf werden gemeinsame Erinnerungen geweckt, die fast vierzig Jahre zurückreichen, als ein unbekannter Winzer aus dem Breisgau (damals als »Heckenland« eher verrufen) sich mit einer interessanten Prognose gemeldet hatte: »Ich will die Herkunft Malterdingen bekannt für gute Weine machen.« Geschichtskundig verwies er darauf, dass hier schon im 14. Jahrhundert Zisterziensermönche aus der Bourgogne auf dem Muschelkalk seines Heimatorts gute Weine erzeugt hatten, deren Ruf überregional bekannt war.

Dieser gute Ruf geriet in Vergessenheit, weil spätere Weinbauern sich damit begnügten, ihre Ernte Winzergenossenschaften anzuvertrauen. Aber es gab einen Obst- und Weinbaubetrieb, der aus diesem unattraktiven Rhythmus ausbrechen wollte. Weinbauer Helmut Huber freute sich, dass sein 1959 geborener Sohn Bernhard eigene Interessen entwickelte, 1982 in der Fachschule zum Winzermeister avancierte, mit einer Ausbildung im Weingut Leopold Schätzle in Endingen Schliff bekam und sich auch gern im Ausland in namhaften Betrieben zur Fortbildung umsah. Mit dem Junior, der Ehrgeiz und Visionen hatte, fällte er 1987 eine schwere Entscheidung: Austritt aus der Ortsgenossenschaft – obwohl so etwas seinerzeit in Baden als Sündenfall angesehen wurde.

Sein Sohn Bernhard war damals schon unter der Haube und konnte Familienplanung betreiben. Als Fünfzehnjähriger hatte er in der Schule erstmals Kontakt mit einer fröhlichen Oberrotweilerin, die in einem Gemischtbetrieb zu Hause war. »Damals hatte ich nie gedacht, dass ich einen Winzer heiraten würde«, plaudert Bärbel Huber aus ihrer Geschichte. Aber ab 1983 waren sie ein Paar, zwei Jahre später läuteten in der Oberrotweiler Kirche die Hochzeitsglocken. Fünf Jahre darauf erblickte ein Sohn das Licht der Welt, der Julian getauft wurde.

Jungwinzer Bernhard war in diesem Jahr in doppelter Hochstimmung. Nach ersten Verkaufserfolgen bei wachsender Privatkundschaft, die ihm

Barbara Huber und Julian Huber

aufzeigten, dass sein Stil mit eleganten und zugleich schnörkellosen, betont herben Weinen gut ankam, stand er beim Deutschen Rotweinpreis des Magazins *Vinum* 1990 mit einem Spätburgunder Barrique 1988 auf dem Siegertreppchen. Dieser gehörte zu den Weinen, mit denen Bernhard auch gegen den Strom der üblichen Kellerwirtschaft schwamm: Er wurde unfiltriert gefüllt. Dass der mutige Winzer damals schon Wert auf lange Haltbarkeit legte, demonstrierte Barbara Huber beim Besuch im Sommer 2024 mit einem 1990er Spätburgunder, der noch in Bestform war (die leere Flasche hat jetzt einen Ehrenplatz im Autoren-Büro).

Es war keineswegs nur zart vom Holz geküsster, feiner Spätburgunder, mit dem Bernhard Huber auf den Erfolgsweg kam. Er befasste sich auch erfolgreich mit Riesling, Weiß- und Grauburgunder, Muskateller und sogar mit Sekt aus Eigenproduktion. Seine Weine, weil nicht stromlinienförmig, wurden zunächst im *Gault & Millau Weinguide* etwas kritisch angesehen (»übertrieben lange Holzfasslagerung«, 1997), aber später für seinen eigenen Stil und dessen Perfektion gelobt. 2008 kam die Auszeichnung »Winzer des Jahres«. Bereits seit 1997 war er Mitglied im elitären VDP. Der Betrieb wuchs

Weingut Bernhard Huber

in jener Zeit durch sinnvolle Zukäufe in besten Lagen auf fast 30 Hektar. Und Sohn Julian, der in der Jugend zunächst nicht unbedingt zum Weinbau tendierte, hatte sich entschlossen, ebenfalls einzusteigen.

Aber dann der Schreckmoment: Im September 2012 wurde bei dem Nichtraucher Bernhard ein unheilbarer Lungentumor diagnostiziert – ein Jahr, nachdem sein Vater Helmut verstorben war. Er wusste, dass er für die Zukunft der Familie und des Weinguts Vorsorge treffen musste. Dass Julian zu diesem Zeitpunkt bereits die Ausbildung bei zwei Top-Betrieben (Aldinger in Fellbach und Clüver in Südafrika) absolviert hatte und ein Jahr in den burgundischen Weinbau reinschnuppern konnte, sorgte beim Sohn für einen guten Grundstock. Der alte Plan für ihn, »geh raus in die Welt«, musste allerdings 2012 ad acta gelegt werden. Froh war Bernhard, dass zu diesem Zeitpunkt ein hervorragendes Team im Keller mitarbeitete, das half, die kritische Zeit zu meistern, in der die Chefin manchmal nicht mehr wusste, wo ihr der Kopf stand. Aber sie hatte Helfer wie den Ex-Lehrling Florian Isele, der inzwischen seit über zwanzig Jahren im Keller mit anpackt, und den überall aktiven Polen Gregorz Oczadły der seit mehr als fünfundzwanzig Jahren Mitarbeiter ist.

Natürlich mischte der Sohn trotz Studiums im 300 Kilometer entfernten Geisenheim schon ab dem Jahrgang 2012 als Pendler (nicht mit dem geliebten Rennrad, sondern mit dem Auto) intensiv mit, stimmte sich mit dem Vater in Details und sanften Korrekturen ab. So wurde der Chardonnay etwas zeitiger gelesen und der Holzeinsatz zurückgefahren. Mutter Barbara bekam mit, »dass Julian sogar noch etwas strenger im Weinberg und Keller als mein Mann war«.

Bernhard selbst ließ sich durch die ärztliche Prognose nicht unterkriegen. Er hatte zwischendrin immer wieder Phasen, in denen er die Krankheit ignorieren konnte. Allerdings beschloss er, die Rebfläche von 30 Hektar etwas zu reduzieren, pflanzte aber selbst noch Reben – »einmal mit dem Atemgerät auf dem Rücken«, wie sich Julian erinnert. Wert legte der Vater auf Dichtpflanzung mit über 10 000 Stöcken auf dem Hektar. In einer Flur waren es sogar 16 000 eng gepflanzte Reben.

Am 11. Juni 2014 nahmen die Familie und eine große Fangemeinde von ihm Abschied. Aber Julian sorgte für Konstanz in Sachen Qualität, setzte weiter auf das Aushängeschild Spätburgunder in verschiedenen Versionen. Aushängeschilder sind die Großen Gewächse, darunter der konzentrierte, feurige Wein aus dem Hecklinger Schlossberg, einer extremen Steillage. Viele Lobeshymnen werden seit Jahren über den Chardonnay gesungen. Spitze ist hier zweifellos das Große Gewächs, das es locker mit sündteurem Burgunder aufnehmen kann. Preislich bleibt das Gut auf dem Teppich mit einigen Weinen wie dem »Breisgau« (Grauburgunder mit Weißburgunder) und einem Müller-Thurgau. Inzwischen ist das Weingut auch offiziell seit 2021 Bio-zertifiziert. Dass es zur absoluten deutschen Elite gehört, machen auch gelegentliche Besuche eines guten Freundes deutlich. Kann schon mal passieren, dass man Fritz Keller aus Oberbergen trifft, der lächelnd erklärt: »Bin nur gekommen, weil ich mal etwas Gutes verkosten will.«

**WEINGUT BERNHARD HUBER**

Julian und Barbara Huber
Heimbacher Weg 19
79364 Malterdingen
Tel. 07644 9297220
www.weingut-huber.com

Weingut Schlumberger-Bernhart, Tor zum Probierkeller

## Zweimal Schlumberger – und die Ideen der Frauen

Man muss drauf achten, dass man nichts durcheinanderbringt. Die Unterscheidung zwischen zweimal Schlumberger im Achthundert-Einwohner-Ort Laufen (Ortsteil von Sulzburg) mit nur einer Häuserzeile dazwischen ist nicht einfach, weil beide Weingüter von ungemein sympathischen Winzerinnen und Winzern geführt werden, jungen weiblichen Talenten Freiraum für eigene Weine geben und stolz darauf sind, dass der Kern ihres Orts unter Denkmalschutz steht. Hinzu kommt, dass der Name Schlumberger gelegentlich zur Frage führt, ob man verwandt mit der Wein-Domaine Schlumberger im Elsass ist oder gar in Beziehung steht mit dem bekannten österreichischen Sekthaus Schlumberger.

Um das alles aufzuklären, blicken wir zunächst in die Geschichte, in der auch ein Schweizer eine Rolle spielt. Wir beginnen im 15. Jahrhundert bei einer Familie Kaltenbach und einem Hans Kaltenbach (1477–1525), dem einige Hans und Peter mit dem gleichen Familiennamen folgten, bis ein Jakob Kaltenbach 1723 ein stattliches Haus im Zentrum von Laufen errichten ließ, das seinen Nach-Nachfolgern 2023 die Gelegenheit gab, das Dreihundertjährige zu feiern. Aber das betraf nur das Weingut Schlumberger-Bernhart, weil es Jahrzehnte zuvor eine Trennung gegeben hatte.

Bleiben wir noch in der Geschichte. Jakob Kaltenbach war ein Mann, den man heute vermutlich als Tausendsassa bezeichnen würde. Er war Gastronom, Landwirt, Metzger und Weinhändler im nicht weit entfernten Basel. Er galt als vermögend, zeugte acht Kinder und wusste, wie man stabile Häuser baut. Das Gebäude von 1723 ist heute Teil des Hauses Schlumberger-Bernhart. Nur der Name Kaltenbach ist Vergangenheit, weil Nachfahrin Alice (1873–1969) 1901 den Baseler Friedrich Schlumberger ehelichte. Später avancierte ein Fritz Schlumberger zum Bürgermeister von Laufen.

Zwei Brüder sorgten in der Folgezeit dafür, dass der Name Schlumberger in Sachen Wein einen guten Klang bekam, nämlich Friedhelm und Hartmut. Das gesunde Wachstum ihres Betriebs machte allerdings 1977 eine Trennung notwendig. Im Weingut war es für zwei Familien zu eng geworden. Der einsetzende Konkurrenzkampf machte den Brüdern durchaus Spaß, man schaukelte sich gegenseitig richtig hoch und nutzte auch die Möglichkeit, die

Johanna Bernhart und Vater Ulrich Bernhart

Rebfläche zu erweitern. Viel Ehrgeiz investierte Friedhelm in den Gutedel. Hier sollte er später eine würdige Nachfolgerin in Josefine Schlumberger finden, die heute mit ihrem Vater Rainer für den Ausbau im Weingut in der Seitenstraße zuständig ist.

Hartmut, der schon sehr früh in den Reben naturfreundlich arbeitete, wollte Weinfreunden die Unterscheidung zwischen beiden Betrieben leichter machen. Also firmierte er als Privat-Weingut, setzte beim Ausbau überwiegend auf Holz und wagte sich sogar früh an den Ausbau in Barriques, mit denen viele Winzer in den Achtzigerjahren nicht so recht umgehen konnten. Sogar Künstleretiketten leistete er sich für seine besten Weine.

Heute ist die Namensgebung der beiden Weingüter einfacher geworden – durch Einheirat. Hartmut (im Mai 2022 verstorben) musste das »Privat« streichen und stattdessen einen Bernhart im Betriebsnamen akzeptieren. Denn Tochter Claudia hatte bei ihrem Weinbaustudium in Geisenheim einen jungen Pfälzer kennengelernt, in dessen elterlichem Betrieb in Schweigen kein Platz für zwei Winzersöhne war. Es dauerte zwar eine Weile, bis sich Ulrich Bernhart nach dem Umzug in den badischen Süden an den Gutedel gewöhnt hatte. Aber dafür zog er einen Hauptgewinn: Gattin Claudia. Und er wurde für den Ausbau der Weine von 9 Hektar Fläche auserkoren. Seine Frau kümmert sich um den Verkauf und ist seit 2018 Chefin eines schmucken kleinen Hotels im nahen Sulzburg, dem Dormitorium. Außerdem haben die beiden viel Freude an ihrer Tochter Johanna (Jahrgang 1996), die schon als Vierzehnjährige wusste, dass sie Winzerin wird. Wie die Mutter studierte sie in Geisenheim Weinbau (schrieb ihre Bachelorarbeit über Gutedel) und trat vor einigen Jahren in den Betrieb ein. Der Vater wurde schon mal mit ihren Ideen beim Ausbau überrascht – und mit einem überragenden Gutedel.

In der Praxis machte sie damit alles andere als das Althergebrachte. Der Saft lag lange auf der Feinhefe. Dann folgte ein Ausbau im kleinen Eichenholzfass. Das Ergebnis nannte sie »Kracher«, aber nicht, weil sie damit aufzeigen wollte, dass der Wein einen Überraschungseffekt hat, sondern weil »Krach« ein altes Synonym für Chasselas Croquant (knackig) ist. Mit ihrem großartigen Kracher kam sie in die Schlagzeilen, mit dem Preis (um 20 Euro) hob das Weingut nicht ab. Und eine Verwechslung mit dem österreichischen Weingut Kracher (Spezialist für Süßweine) gab es auch nicht.

Josefine Schlumberger und Vater Rainer Schlumberger

Weingut Schlumberger-Bernhart, Sulzburg

Falsch wäre es, das Weingut Schlumberger-Bernhart auf Gutedel zu reduzieren. Uli (seit mittlerweile siebenundzwanzig Jahren in Baden) darf sich in der zweiten Heimat auch um Riesling kümmern (toller »Vom Löss«), zudem um richtig gute Burgundersorten und fein aromatische Versionen von Sauvignon Blanc und Muskateller. Darüber hinaus sind Rotweine von hoher Qualität eine sichere Bank des Hauses, vor allem Spätburgunder (auch Pinot Noir genannt) und eine rote Cuvée von Cabernet Sauvignon und Merlot. Temperamentvoller Sekt (eigene Produktion) darf im Sortiment nicht fehlen. Aus der eigenen Hausbrennerei gibt es noch Hochprozentiges von Apfel, Birne, Mirabelle, Himbeeren sowie Trester und Gin.

Mit Verwechslungen zwischen Schlumberger-Bernhart und Schlumberger müssen beide Weingüter immer wieder mal leben. Deshalb schnell hinüber zur zweiten Familie, bei der inzwischen auch eine junge Dame sehr aktiv ist. Vater Rainer und Mutter Stephanie haben die Verantwortung für die Weine weitgehend auf Tochter Josefine (»Fine«) übertragen, obwohl diese eigentlich eine Doppelbelastung zu tragen hat. Aber das ist die temperamentvolle Frau

(Jahrgang 1994) gewöhnt. Sie studierte ursprünglich Psychologie in Konstanz, wechselte dann ins Fach Wein in Geisenheim, spielte nebenbei Fußball beim Staufener SC in der Kreisliga (Mittelfeld) und bekam während ihrer Zeit in Geisenheim Kontakt mit der Weinelf Deutschland. Dabei stellte sie fest, dass das Team kickender Winzer »eine sehr miese Frauenquote hat«, wurde Mitglied und schließlich 2022 zur Vizepräsidentin gewählt, ein Amt, das sie mit sehr viel Ernsthaftigkeit und Souveränität bis Ende 2024 ausübte. Aber hohe Ämter war sie da schon gewöhnt, als Deutsche Weinkönigin 2015/16 und zuvor Badische Weinkönigin.

Mit der Familie werden rund fünf Hektar naturnah bewirtschaftet. Im Keller ist Zeit ein wichtiger Faktor. »Wir wollen nur Weine erzeugen, die uns selbst begeistern«, ist eine Devise des Hauses. Dazu gehören auch Experimente, die unter der Kategorie »Revoluzzer« angesiedelt sind, nämlich Gutedel, der länger auf der Feinhefe lag, ein sanft prickelnder PetNat (eine spezielle Perlwein-Variante) und ein betont mineralischer Piwi (siehe S. 197) namens Muscaris. Ebenfalls ungewöhnlich ist der feingliedrige Pinot-Sekt Minimalist, bei dem die Trauben in einer Minimalschnitt-Anlage heranwuchsen. Nach Heimsiegen des SC Freiburg (Fine ist Fan) wird gern eine Flasche geöffnet.

Gutedel ist mit 20 Prozent Flächenanteil die wichtigste Sorte. Ein gut gereifter Tropfen wird à la Schweiz als Chasselas offeriert. Eine saftige Rarität ist die trockene Version der früher in Rheinhessen weitverbreiteten Neuzüchtung Huxelrebe, die mal zu Ehren der Großmutter aus Alzey angepflanzt wurde. Stark unterwegs ist Fine mit der weißen Burgunderwelt und auch mit gut gereiften Rotweinen. Der geschmeidige 2019er Spätburgunder ist ein echter Hit. Klar doch, dass die Produkte einer Hausbrennerei nicht fehlen dürfen (Trester in verschiedenen Versionen).

### WEINGUT SCHLUMBERGER-BERNHART

Weinstraße 19
(Hotel Dormitorium in Sulzburg)
79295 Sulzburg-Laufen
Tel. 07634 8992
www.schlumberger-bernhart.de

### WEINGUT SCHLUMBERGER

Obere Holzgasse 4
(Ferienwohnungen im Weingut)
79295 Sulzburg-Laufen
Tel. 07634 592240
www.weingut-schlumberger.de

# MUSKATELLER

## der Sorte ein kräftiges »Juheirassa«

Die Sorte gehört zu den ältesten Weißweinsorten der Welt (erstmals bezeugt etwa um 3000 v. Chr. von den alten Ägyptern) und kann einen weiteren Superlativ vorweisen: Es gibt von ihr rund zweihundert verschiedene Varietäten in unterschiedlichsten Farbschattierungen von Weiß über Rot bis Schwarz.

Der Ursprung der Sorte wird in Kleinasien vermutet (heute der vorderasiatische Teil der Türkei). Kolonisten verbreiteten die Trauben im östlichen Mittelmeergebiet. Eine nicht unbedingt bekannte Urheimat des Muskatellers ist die griechische Insel Samos vor der Küste der Türkei. Hier spielt er eine wichtige Rolle im Sortiment der einzigen Kellerei, der Union der Winzergenossenschaften von Samos. Es gibt verschiedene Varianten bis hin zu den nicht sonderlich bekannten herben Abfüllungen, die qualitativ einen beachtlichen Stellenwert haben. Erhebliche Mengen werden seit vielen Jahren per Schiff nach Südfrankreich transportiert. Der weitere Werdegang des Jungweins aus Samos wird von Vermutungen begleitet. Durchaus denkbar, dass er ein französisches Deckmäntelchen bekommt …

Klarer ist da schon, was mit Muskateller in der ungarischen Region Tokaj passiert. Hier ist die Sorte Teil einer Süßwein-Cuvée. Zu dem Trio gehören außerdem Furmint und Hárslevelű.

Stärkere Verbreitung hat der Muskateller in wärmeren Regionen in Italien, Frankreich und Spanien.

In Deutschland ist die Rebe wegen ihrer Anfälligkeit für Winterfrost mit Hang zum Verrieseln nicht sonderlich beliebt bei den Winzern, auch weil das Bouquet sehr dominant und parfümiert ausfallen kann. Annähernd 200 Hektar dürften aktuell quer durch alle Anbaugebiete mit ihr bestockt sein. Einer gewissen Beliebtheit erfreut sie sich offenbar in Baden, wo eine Reihe ambitionierter Weingüter und Genossenschaften Muskateller im Sortiment haben, darunter die Brüder Fritz und Martin Waßmer sowie Bernhard Huber. Geschätzt wird teilweise wohl auch die manchmal recht stattliche Säure der Weine, die aber zur Haltbarkeit beitragen kann. Eine beliebte Kombination war früher die Cuvéetierung mit Riesling.

Kaum bekannt ist der Einzug des Muskatellers in deutsches Liedgut. Der aus heutiger Sicht eher umstrittene Dichter Hermann Löns (1866–1914), nach dem immer noch über tausend Straßen benannt sind, hat auch ein Lied über die Lüneburger Heide abgeliefert. In der zweiten Strophe heißt es:

»Brüder, lasst die Gläser klingen
Denn der Muskateller Wein
wird vom langen Stehen sauer
Ausgetrunken muss er sein
Valleri Vallera ha ha ha und Juheirassa.«

# KAISERSTUHL

Vogtsburg-Oberbergen, Kaiserstuhl

## Kaiserstuhl. Die wärmste Region Deutschlands

Vom Breisgau geht es hinüber in eine etwas eigenwillig geformte Landschaft, die auch von Menschen geformt wurde. Der Kaiserstuhl (rund 4100 Hektar Reben) gilt als wärmste Weinregion Deutschlands. Die Burgunderfamilie fühlt sich hier besonders wohl, in Weiß und Rot, inklusive Spätburgunder. Die Reben stehen neben Löss vielfach auf Vulkanverwitterungsböden, die auch ein guter Wärmespeicher sind. Zahlreiche Weinbauorte genießen einen guten, überregionalen Ruf, auch die hier ansässigen Genossenschaften tragen dazu bei.

Eine biologische oder nachhaltige Bewirtschaftung der Weinberge ist weitverbreitet. Wichtig ist einerseits, dass es am Kaiserstuhl mehrere Naturschutzgebiete gibt. Andererseits hielten Naturplaner vor ein paar Jahrzehnten radikale Eingriffe in die Natur offenbar für nötig. Im Ergebnis muten manche Flächen heute noch an wie riesige Reisterrassen. Es dauerte einige Zeit, bis sich in den leichter zu bewirtschaftenden Großterrassen das Kleinklima wieder positiv veränderte.

Kritisch angesehen wird von qualitätsorientierten Betrieben die oft am Kaiserstuhl verwendete Deklaration »Vulkanfelsen«, die den Eindruck erwecken kann, dass es sich beim Inhalt um eine besondere Lage handelt. In Wirklichkeit ist es eine Großlagenbezeichnung, die vorgaukelt, es handle sich um eine Einzellage.

Bemerkenswert beim Kaiserstuhl ist, dass gleich mehrere Genossenschaften 1924 gegründet wurden und 2024 gemeinsam das Hundertjährige feiern konnten. Man tat es mit diversen Festivitäten, in der Regel solo, mit Tagen der offenen Tür und gut ausgewählten Jubiläumsweinen und/oder Sekt. Im Jubiläumskonzert spielten mit: Bickensohler Weinvogtei, Bischoffinger Winzer, Burkheimer Winzer am Kaiserstuhl, Kaiserstühler Winzergenossenschaft Ihringen, Jechtinger Weinmanufaktur und Winzergenossenschaft Oberbergen.

Weil die Kaiserstühler Erzeuger ihre Herkunft mit zahlreichen Toplagen noch deutlicher machen wollen, haben sie auf Initiative des Spitzenweinguts Stigler aus Ihringen eine Allianz geschmiedet. Erste Aktivität war eine erfolgreiche Lagenverkostung mit achtundzwanzig Betrieben am 1. November 2024 für Publikum. Zielsetzung laut Regina Stigler: »Wir wollen damit und auch künftig die Herkunft Kaiserstuhl stärken.«

## Joachim Heger
## Superausbilder und Flankengott

Es war ein förmlich historisches Ereignis am 9. Mai 2005 im Münchner Olympiastadion. Auf dem grünen Rasen tummelten sich Winzer und Köche in etwas ungewohnter Berufskleidung, nämlich Fußballtrikots, und spielten gegeneinander. Rund fünfzig Zuschauer verfolgten das Geschehen und hörten den Stadionsprecher, der nach dreißig Minuten ankündigte: »Und jetzt auf dem rechten Flügel der Weinelf der Flankengott vom Kaiserstuhl, Joachim Heger.« Zwei Minuten später segelte eine präzise Flanke von rechts in den Strafraum der Köche. Ihr Absender Joachim Heger raufte sich die Haare, weil sie nicht verwertet wurde. Aber am Ende hatte doch die Weinelf in ihrem allerersten Spiel mit 3 : 2 die Nase vorn. Wenige Wochen später wurde der »Flankengott« bei einer Veranstaltung am Kaiserstuhl erwähnt. Joachim relativierte: »Ich muss noch die Anzeige eines Tierschutzvereins verarbeiten, weil ich eine halbe Stunde auf einem Regenwurm stand …«

Auf solch trockenen Humor stößt man bei dem Ihringer in schöner Regelmäßigkeit, etwa wenn man beim Marsch durch das Flaschenlager einige Bierflaschen mit ihm auf dem Etikett in sehr barocker Form und einem vollen Maßkrug entdeckt (»davon gab es einige Hundert Flaschen zu meinem 60. Geburtstag von echten Freunden«). Gern und mit Augenzwinkern beklagt er, dass er zu Hause und in seinem Weingut von den Frauen entmachtet worden sei und nichts mehr zu sagen habe. Er meint damit Gattin Silvia (seit 1987 seine bessere Hälfte, die als gelernte Drogistin immer die passende Medizin kennt, um ihren lieben Gatten auszubremsen) und die Töchter Katharina (Jahrgang 1990) und Rebecca (1995), die in dem 35-Hektar-Gut (plus stattlicher Erzeugergemeinschaft mit rund 50 Hektar) mitarbeiten.

Beide durchliefen eine intensive Ausbildung. Katharina, zuständig für Marketing und Vertrieb, lernte in Spitzenrestaurants in Baden (beim Freund und Nachbarn Fritz Keller) und der Schweiz, studierte internationales Weinmanagement in Heilbronn und machte noch ein Praxissemester bei einem renommierten Betrieb an der Loire. Rebecca beschritt den klassischen Weg mit den Wein-Top-Stationen Salwey, Meyer-Näkel (Ahr) und dem Studium in Geisenheim. Es folgten Praktika im Burgund und bei einem Freund des Vaters, dem genialen Schweizer Winzer Daniel Gantenbein (dessen Weine

Joachim und Silvia Heger mit den Töchtern Rebecca und Katharina (von rechts)

Joachim exklusiv in Deutschland vermarktet, mit dem Effekt, dass sie im Vergleich preislich richtig günstig anmuten). Rebeccas Einstieg ins Weingut wurde mit dem Jahrgang 2017 vollzogen. Hauptsächlich ist sie im Keller aktiv. »Ich kann viel allein entscheiden«, freut sie sich, weiß aber, dass der Vater die Füße nicht hochlegt.

Der Zugang zum Wein war bei den Töchtern gradliniger als beim Senior. Der wollte eigentlich Arzt werden, weil sein Großvater und Weingutsgründer Dr. Max Heger von 1919 bis 1970 Landarzt in Ihringen und nur nebenbei Winzer war. Joachim (Jahrgang 1958) beantragte einen Studienplatz für Medizin und gleichzeitig eine Zulassung für die Wein-Uni in Geisenheim. Er entschied sich für Weinbau, weil er mit dem Medizin-Studienplatz in Hannover als Kind des Kaiserstuhls nichts anfangen konnte, außerdem hatte er als Fan des SC Freiburg keine Lust auf Spiele von Hannover 96. Die Wahl freute Vater Wolfgang »Mimus« Heger, der ab 1949 das Weingut übernommen und bei der Qualität Gas gegeben hatte. Jungwinzer Joachim mischte bald mit und durfte 1991 die volle Verantwortung übernehmen. Damit wurde

Weingut Dr. Heger, Innenhof

ein steiler Aufstieg des Weinguts Dr. Heger in die Wege geleitet, mit zahlreichen Auszeichnungen in verschiedenen Medien. Joachim dankte dem Vater das Vertrauen auf seine Weise: Er kreierte den Spätburgunder »Mimus« als rotes Aushängeschild des Hauses.

Andere großartige Weine gesellten sich dazu. Top-Lagen wie Ihringer Winklerberg (hier Besitz in Filetstücken) und Achkarrer Schlossberg halfen dabei. Aus einer besonderen Flur im terrassierten Winklerberg kommen die großartigen weißen Burgunder mit der Bezeichnung »Gras im Ofen«. Denn die eigentlich kühle Parzelle liegt am Nachmittag oft in der prallen Sonne.

Mit den Jahren gelang es dem Winzer, die Fläche gezielt zu erweitern. Er legte dabei auch Wert auf Anlagen mit alten Reben. So bekam er Zugriff auf eine Flur mit inzwischen über vierzig Jahre alten Silvaner-Stöcken, die erstklassige Trauben liefern. Hier gibt es einen tüchtigen vierbeinigen Mitarbeiter für die Bodenbearbeitung, der auch auf dem Etikett verewigt ist: Pferd Willi. Drei Sterne auf dem Etikett signalisieren Sonderklasse. Einmal hat Joachim auch einen Reitversuch gemacht. »Nie wieder, ich bekam einen Hexenschuss.«

Mit den Jahren wurde, um den Namen Heger gut zu nutzen, eine Erzeugergemeinschaft gebildet. Und 1997 übernahm man das vormalige Weingut der befreundeten Otto und Mina Fischer im etwas entfernten Bottingen – mit anderer Struktur, aber gepflegten Anlagen – und führte es unter dem Label »Edition Fischer« fort. Große Gewächse nach den VDP-Kriterien kann er im eigenen Weingut mit der weißen Burgunderwelt und bei Spätburgunder einige vorweisen. Joachim legt Wert darauf, dass alle diese Weine ebenso wie die sonstige Kollektion praktisch durchgegoren in die Flasche kommen. Das gilt auch für eine fast schon heitere Version wie die weiße Cuvée »Fidelius« aus Müller-Thurgau, Sauvignon Blanc und Muskateller, die mit etwa 2 Gramm pro Liter Restzucker und milder Säure herrlich viel Trinkspaß bietet.

Joachim war nie einer, der Verantwortung scheute. Er ist seit etlichen Jahren nicht nur Mitglied des Verbands Deutscher Prädikatsweingüter, sondern auch dessen regionaler Vorsitzender für Baden. Und er ist wohl der Winzer, der als Ausbilder am meisten für die Entwicklung des deutschen Weinbaus getan hat und noch tut: Gezählt hat er seine Azubis nicht, aber deutlich über hundert sind es gewiss. Einige avancierten zu Stars der Szene, über manche weiß er zu berichten, dass sie lieber diskutierten, als konzentriert zu arbeiten. Bei einigen war das Talent unübersehbar, etwa beim Nachbarn Friedrich Keller (Junior von Fritz).

Die beiden Töchter, die irgendwann den Betrieb offiziell übernehmen werden, nennen derzeit als ihr Ziel: »Wir wollen noch effizienter werden und unser Weingut noch mehr in den Vordergrund stellen. Wir wollen auf dem umstrittenen Weinmarkt ein echter Klassiker für herausragende Weine sein«, verraten sie – mit »Fidelius« im Glas. Und sie wollen das Umsteigen auf Bio fortsetzen. 2021 war der Testlauf, 2022 kamen auch Drohnen beim Spritzen zum Einsatz. 2023 wurde Bio komplett durchgezogen, »trotz stattlichem Mehraufwand«. »Aber wir genießen unsere Arbeit, die viel Spaß macht, weil sich vieles in der Natur abspielt«, beschreibt der Vater die Zusammenarbeit in der Familie.

**WEINGUT DR. HEGER**

(+ Erzeugergemeinschaft)
Bachenstraße 19/21, 79241 Ihringen
Tel. 07668 995110
www.heger-weine.de

Blick über Weinberge auf Totenkopf, Vogtsburg-Oberbergen

## Fritz Keller
## Tausendsassa mit DFB-Intermezzo

Als er 2017 seinen 60. Geburtstag feierte, bekam er mit, was echte Freunde sind. Joachim Heger aus Ihringen versicherte vor Hunderten von Gästen, er sei wohl der Einzige, der noch wisse, wie Fritz Keller, dem sein Vater die beiden Vornamen Fritz Walter nach dem Spielführer der WM-Mannschaft von 1954 verpasst hatte, Fußball gespielt habe. »Aber ich werde das nie verraten.« Dafür lobte er dessen Gattin Bettina als »Turm in der Keller-Brandung«. Diese sollte ein paar Jahre später über den Winzer, Weinhändler, Gastronomen, Feinschmecker und Fußball-Präsidenten (SC Freiburg) besonders hochschlagen.

Es war nicht der erste Sturm, den er zu überstehen hatte. In jungen Jahren zu Hause fiel es ihm schwer, seinem starken Vater Franz (1927–2007) alles recht zu machen. Das schaffte auch nicht sein älterer Bruder Franz (1950), der als ambitionierter Koch das Weite suchte und heute fern der Heimat sein Gastro-Glück gefunden hat. Fritz übernahm das Weingut in Oberbergen 1990, fand gut in die Spur und wurde 2008 mit einem »unzüchtigen« Angebot konfrontiert. Ein Einkäufer des Discounters Aldi bot ihm an, gezielt für den Supermarkt Wein zu erzeugen. Nach längerem Überlegen entschloss er sich zur Partnerschaft mit Aldi für eine »Edition Keller«. Kritische Schlagzeilen in den Medien waren die Folge – und reichlich Anfeindungen in der Weinszene. Dabei wurde nicht genauer hingesehen, was das Konzept überhaupt beinhaltete. Denn Fritz Keller beteiligte ambitionierte Erzeuger mit der Verpflichtung, in möglichst älteren Weinbergen sorgfältig zu arbeiten und aktiven Landschaftsschutz zu betreiben. Und er belohnte alles mit guten Auszahlungspreisen. Heute sind eine Reihe deutscher Top-Winzer glücklich, wenn ihre Weine nicht nur bei Aldi, sondern auch bei anderen Discountern gelistet sind … Die Zusammenarbeit mit Aldi (Süd) besteht immer noch, in geringerem Umfang.

Danach kehrte zunächst mal Ruhe ein in der Wein-Familie Keller. Fritz hatte noch genügend Beschäftigung mit dem Weinhandel und dem Import (vor allem von noblen Weinen aus der Bourgogne und dem Bordelais). Weil Junior Friedrich (Jahrgang 1990) schon früh bekundet hatte, dass er Winzer werden wollte, deshalb in Geisenheim studierte und beim Freund Joachim Heger in

Weingut Franz Keller mit Kellerwirtschaft

die Lehre ging, konnte Fritz sich auch Plänen für den Bau eines neuen Weinkellers mit Büro und Verkauf widmen, der 2013 fertiggestellt wurde; zudem betrieb er die Einrichtung des Restaurants Kellerwirtschaft etwas außerhalb von Oberbergen, es liegt harmonisch eingebettet in die Weinberge, mit begrüntem Dach, das Saatgut dafür stammt von einem nahen Naturschutzgebiet.

Der erfolgreiche Weingutschef fand als Fußballfan Zeit, sich beim SC Freiburg, dem vermutlich beliebtesten deutschen Fußballclub, einzubringen. Er begann 1994 als Marketingvorstand und wurde sechs Jahre später Erster Vorsitzender sowie 2014 Präsident. Dass Fußballlegende Fritz Walter sein Taufpate war, hat dazu sicher nichts beigetragen, aber vielleicht den Deutschen Fußballbund auf eine verhängnisvolle Idee gebracht: Man schlug Fritz Keller zur Wahl als Präsidenten des DFB vor – und er wurde auch gewählt. Einstimmig.

Schnell merkte der neue Verbandspräsident, dass man niemanden gesucht hatte, der kritisch hinter die Kulissen schaute. Und schließlich stellte er sein 2019 angetretenes Amt bereits 2021 wieder zur Verfügung. Das war über längere

Zeit ein dankbares Thema für die Medien. Aber Fritz konnte in den Schoß der Familie zurückkehren, wo genügend erfüllende Arbeit auf ihn wartete.

Nicht nur am Kaiserstuhl war er aktiv. Er brachte sich mit guten Freunden und Partnern ein in das Promi-Restaurant Grill Royal in Hamburg und hatte die Idee für ein Pinot- und Rock-Festival im Juli 2024 in Breisach. Dreißig namhafte Sänger und Bands stürmten die Bühne (u. a. Alice Cooper, Suzie Quatro, die Scorpions und die Fantastischen Vier), dazu bekamen zahlreiche Winzerkollegen eine Plattform für ihr Weinangebot. »Wir hatten jeden Tag bis zu zehntausend Besucher«. Fritz strahlt im Nachhinein und freut sich schon auf die Fortsetzung 2025.

Dem DFB trauert er längst nicht mehr nach. Dafür ist er glücklich über die gute Entwicklung eines weiteren Betriebs mit Fluren in Istein im Markgräflerland. Das Weingut Am Klotz rief er mit Junior Friedrich und den Freunden Herbert und Steffen Reinecker aus Auggen (bekannt für genialen Sekt und für Auftragsproduktion auf hohem Niveau) ins Leben. Ergebnis: Super-Burgunder und Gutedel der Sonderklasse.

Auf Gutedel muss man zwangsläufig im Weingut Franz Keller verzichten. Aber hier gibt es ohnehin eine große Auswahl an Kaiserstühler Gewächsen von rund 35 Hektar, für die der Sohn verantwortlich ist. »Er macht das großartig«, lobt der Vater. Besonders stolz ist er, dass der Spätburgunder des Hauses international prächtig angenommen wird. »Wir exportieren rund 50 Prozent – weil wir schon vor langer Zeit die richtigen Klone für Top-Qualität gepflanzt haben.« In der aktuellen Preisliste, die im Sommer 2024 in Augenschein genommen wurde, stand hinter jedem Wein der Großen Lage (die übliche Deklaration für das Beste vom Besten im Nobelverband VDP) das Wort »ausverkauft«. Auch mancher Basiswein fand schon Fans, die schnell zugriffen. Originell ist das preiswerte Duo »Jeden Tag« mit einem Weißwein und einem Rosé Saignée (sehr kurze Maischestandzeit roter Trauben).

Friedrichs gründliche Regie im Weinberg (gezielt umweltschonend) und im mit viel Holz ausgestatteten Keller führt zu einer Kollektion ohne Schwächen. Top-Lagen sind dafür eine gute Basis. Der Senior hat für sein Wirken über einen langen Zeitraum schon jede Menge Auszeichnungen eingeheimst (ein Deutscher-Meister-Titel für den SC Freiburg fehlt noch in seiner Sammlung).

Fritz Keller

Ein Tipp für den Besuch des Stammhauses Schwarzer Adler: Die Weinkarte mit vielen reifen Burgundern und Bordeaux sowie jeder Menge lang gereifter Kreszenzen aus dem eigenen Weingut ist sensationell. Man fühlt sich bei der Durchsicht reif für einen langen Urlaub vor Ort. Das wäre dann auch eine gute Gelegenheit, noch besondere Restposten kennenzulernen, die deutlich machen, dass sich Fritz Keller schon vor Jahrzehnten gegen die Bevormundung der Wein-Behörden auflehnte und kein Verständnis dafür hatte, dass damals Lemberger in Baden nicht zugelassen war. Er baute ihn dennoch an und aus und vermarktete ihn anonym als Tafelwein. Ein paar Restflaschen sind vielleicht im Restaurant-Keller noch zu finden.

### WEINGUT FRANZ KELLER / SCHWARZER ADLER

Badbergstraße 44,
79235 Vogtsburg-Oberbergen
Tel. 07662 93300, www.franz-keller.de

### WEINGUT AM KLOTZ

Auf der Festung 2
79588 Istein
Tel. 07628 8057090
www.weingut-am-klotz.de

## Zwei Frauen, ein Vin Santo 1905 und eine Ehe

Man muss schon etwas Vertrauen zu seinem Navi haben, um in die enge Straße in Königschaffhausen einzubiegen. Aber dann taucht ein Schild mit »Weinhaus Bettina Schumann« auf, das vermuten lässt, dass man auf dem richtigen Weg ist. Doch zunächst zeigen sich hier ein nicht unbedingt einladend wirkender Gebäudeblock, ein paar Holzfässer im Freien, der Hinweis auf einen leider geschlossenen Laden für Kaiserstühler Landeis und hinter einer offen stehenden Tür weintechnische Gerätschaften. Aber wo steckt Bettina?

»Ich bin noch in unserer Vinothek um die Ecke, bin gleich da«, ergibt der Anruf auf dem Handy.

In einer Gasse, die von der Hauptstraße zu diesem Betriebsgelände führt, erzählt sie kurz darauf, wo wir uns befinden: »Das hier war mal die St.-Katharinen-Kellerei, gegründet 1952, 2015 dicht gemacht vom Eigentümer WIV in Burg Layen an der Nahe, besser bekannt unter dem Namen Pieroth.« Bettina kennt auch den Grund: eine Umstrukturierung, der die Kellerei im fernen Süden mit ihren Mitarbeitenden zum Opfer fiel.

Das freilich war die Chance für eine gebürtige Berlinerin des Jahrgangs 1982, die im deutschen Osten in der Nähe der Mauer aufgewachsen war, mit einem Vater, der von der Selbstständigkeit träumte und sie damit schon in jungen Jahren ansteckte. Dass die Eltern gutes Essen und Trinken zu schätzen wussten, vor allem nach der politischen Wende, und dies auch bei einem Urlaub 1994 in der Toskana demonstrierten, führte zu einem wegweisenden Ereignis. Ein Gastronom ließ das neugierige Mädchen von einem genial anmutenden Vin Santo 1905 naschen, der sie mit seiner Leichtigkeit und Ausdruckskraft begeisterte und ihr Leben beeinflussen sollte. »Als Jugendliche habe ich mir von meinem Vater Wein besorgen lassen und dafür auf Nagellack verzichtet. Die *Bravo* interessierte mich nicht mehr, ich habe mir die damals wenigen Weinmagazine besorgt und ihren Inhalt verschlungen.«

Als die Familie nach Westberlin umzog, lernte sie, damals sechzehnjährig, einen Gastronomen als Mentor kennen, der ihr einiges an Kenntnissen vermittelte und sie mit Verkostungen erst richtig auf den Geschmack brachte. So entstand der Wunsch nach Selbstständigkeit in der Weinbranche – aber nicht ohne vernünftige, intensive Ausbildung, nach dem Motto »wenn schon, denn schon«. Also schrieb sich Bettina an der Hochschule in Geisenheim

Melanie Panitzke und Bettina Schumann

ein. Das Studium dauerte von 2002 bis 2007 und wurde ergänzt durch ein Jahr an der Uni im italienischen Udine. Hinzu kamen in diesem Zeitraum diverse Praktika bei Top-Adressen. Besonders in Erinnerung blieb ihr dabei das Reinschnuppern bei Willi Bründlmayer im österreichischen Langenlois mit dem Auftrag, ein spezielles Projekt für Pinot Noir zu entwickeln. »Damals, 2005, verliebte ich mich vor allem in Burgunder.«

Gute Erinnerungen hat sie auch an die Zeit im Weingut Ruck im fränkischen Iphofen. »Die Kleene war besonders ehrgeizig unterwegs und von meinen zahlreichen Azubis eine der besten«, erinnert sich Hans Ruck. »Die Weinkarriere war absehbar.« Lehrgeld zahlte Bettina nach eigener Einschätzung während ihres Aufenthalts in Neuseeland, wo sich der Weinbau damals wohl noch im qualitativen Entwicklungsstadium befand. »Ich habe nur eine eher abschreckende Weinindustrie kennengelernt.« Zurück in der Heimat folgte unter anderem eine Stelle als Betriebsleiterin im Weingut Zimmerlin in Bötzingen (2009 bis 2015). Als 2012 badische Jungwinzer die Gruppe »Generation Pinot« gründeten, brachte sie sich auch hier ein. Aber im aktuellen

Verzeichnis der Truppe ist sie nicht mehr zu finden. Dafür wurde sie nebenbei tätig als Beraterin für Weingüter und Genossenschaften, versuchte kurzzeitig, mit einem guten Freund ein kleines Weingut zum Leben zu erwecken, und freute sich, dass sie für hochkarätige Weinwettbewerbe als Jurorin herangezogen wurde. Doch dann hörte sie 2015 von der Betriebsaufgabe in Königschaffhausen, schlug zu und überlegte, was sie hier – ohne eigene oder gepachtete Rebflächen – in Flaschen füllen konnte.

Der Glaube an ihre Marketingidee sollte bald beim Verkauf helfen. Wenn man Schumann heißt, bietet es sich an, den Weinen gewissermaßen einen Schuh anzuziehen. Der rote Schuh, auch an ihren beiden Füßen, wurde zu einem Markenzeichen. Die Farbe Rot spielte bei ihrem ersten Wein, den sie wie später aus zugekauften Trauben produzierte, eine wichtige Rolle. Badisch Rotgold war mal ein Erfolgsprodukt vor allem von badischen Genossenschaften, nämlich eine Mischung aus Weiß und Rot, in der Regel Grauburgunder und Spätburgunder. Weinrechtlich fällt das unter die Bezeichnung Rotling mit der Vorschrift »gemeinsame Kelterung«. Als Bettina diese Idee verfolgte, prophezeite man ihr eine Bauchlandung. Denn Badisch Rotgold war gut zehn Jahre zuvor praktisch vom Markt verschwunden. Aber es klappte. Ob das Etikett mit zwei barbusigen Damen oder etwas Fruchtsüße dazu beigetragen haben, eruierte kein Marktforscher. Der Wein wurde, so Bettina, »zur Einstiegsdroge«, die eine Reihe von Betrieben zu einer Wiederbelebung inspirierte, ohne den Abverkauf aus Königschaffhausen zu bremsen.

Die Flaschenzahl befindet sich zwar noch immer im unteren Prozentbereich der von Jahr zu Jahr gesteigerten Füllungen. Eigene Rebfläche ist nicht vorhanden, alle Weine haben ihren Ursprung bei Winzerinnen und Winzern, deren Trauben nach vorgegebenen Kriterien zugekauft werden. In der Kellerei in Königschaffhausen entstehen daraus in gemieteten, umgerüsteten Räumen Weiß-, Rot- und Roséweine. Ein Ex-Geisenheimer hilft bei der Vinifikation. Wichtig sind Bettina faire Preise für die Traubenlieferanten. »Wir zahlen mehr als die Genossenschaften ihren Mitgliedern«, versichert sie. Rund 7 Hektar umfasst die Fläche, von der ihre Trauben stammen.

Die Weine passen mit ihren Bezeichnungen zur flotten Winzerin mit »Berliner Schnauze«: »Mittenmang«, »Haute Volaute« und »Chaiselongue«. Zu den Wortschöpfungen trägt seit einigen Jahren eine Partnerin bei, die Sommelière Melanie Panitzke, die 1982 in der Nähe von Bremerhaven das

Kellerei in Königschaffhausen

Licht der Welt erblickte. Zu ihren beruflichen Stationen gehörten unter anderem der Besuch der Wein- & Sommelierschule in Koblenz und eine lehrreiche Tätigkeit bei Vollblut-Sommelière Christina Fischer in Köln. Hinzu kamen leitende Wein-Aufgaben in Hotels und auf hoher See – sowie diverse Auszeichnungen bis hin zur »Sommelière des Jahres 2010«, verliehen vom Deutschen Weininstitut. Dann trug sie acht Jahre Verantwortung für eine bemerkenswerte Weinkarte im Restaurant Wein am Rhein in Köln.

Es lag nahe, dass sich die zwei weiblichen Weinfans kennenlernten. Und nicht nur das. Aus Freundschaft wurde Liebe – und berufliche Partnerschaft. 2018 wurde Melanie offizielle Mitarbeiterin, beendete damit den Alleingang der Kellereichefin und trug mit ihrer Meinung dazu bei, dass die Weine – so Bettina – »seriöser wurden«, inklusive kleiner Korrekturen beim Ausbau. Im Duo konnte die Direktvermarktung gesteigert werden und der Fachhandel ließ sich noch gezielter ansprechen.

Im Sommer 2020 fanden die beiden tatsächlich Zeit zum Heiraten. Begleitweine der Hochzeitsfeier waren Weine mit Trinkfluss wie der Weißburgunder »Bis in die Puppen«, der Grauburgunder »Famose Schose« und der Spätburgunder »Achtkantig«. Recht neu im Sortiment ist die Top-Linie »Goldschuhweine« mit Spätburgunder, Weißburgunder und Grauburgunder. Diese eleganten, tiefgründigen, sehr stimmigen Weine machen deutlich, dass Bettina es versteht, aus zugekauften Trauben das Optimum herauszuholen. Sie vergärt den Saft spontan im Holz oder Edelstahl. Inzwischen hat das Duo die Aufnahme in einige wichtige Weinführer geschafft, bis hin zum *Feinschmecker*. Und wenn Bettina und Melanie zum jährlichen Hoffest bitten, meist Ende Juni, zeigen auch prominente Weingüter Flagge, zuletzt 2024 von der Nahe das Haus Dönnhoff.

Für Kundenbetreuung ist man längst eingerichtet mit einer Vinothek in der Hauptstraße, die von unternehmenslustigen Touristinnen und Touristen leicht zu entdecken ist.

**WEINHAUS BETTINA SCHUMANN**

Im Winkel 8 / Endinger Straße 8 (Vinothek)
79346 Endingen-Königschaffhausen
Tel. 0160 92146529
www.schumann-wein.com

# GRAUBURGUNDER

## vom Ruländer zum bedeutenden Wein

Frankreich ist die Urheimat dieser Sorte. Sie ist eine Mutation von Pinot Noir und kam 1568 von Ungarn ins Elsass und zum Kaiserstuhl, machte aber hier zunächst keine Karriere. Erst als Kaufmann Johann Seeger Ruland (1683–1745) in einem verwilderten Garten in Speyer Rebstöcke entdeckte und deren Saft als »süß und lieblich« empfand, wurden die Stöcke vermehrt und verkauft. Winzer entdeckten den Wert der Sorte und sorgten für ihre weitere Verbreitung. Zu Ehren ihres vermeintlichen Entdeckers wurde sie später Ruländer genannt.

In Frankreich heißt sie Pinot Gris (grauer Wein), weil die Trauben eine rötliche Färbung annehmen. Bei entsprechendem Ausbau kann das dazu führen, dass der Wein nicht mehr glänzend weiß ausfällt, sondern schon einem Rosé entspricht. Dies führte einige Jahre in Deutschland zu Irritationen bei der Weinprüfung, ehe akzeptiert wurde, dass es ein Normalzustand sein kann. Pinot Grigio ist ein weiteres Synonym, vor allem für italienischen Wein gebräuchlich.

In Deutschland hat die Bezeichnung Grauburgunder den einstigen Sortennamen Ruländer fast abgelöst. Viele Konsumierenden hatten die alte Stilistik als süßer, oft banal anmutender Prädikatswein ab Auslese aufwärts satt. Es geht auch anders, sagten sich einige Erzeuger vor allem am Kaiserstuhl und schwammen zunächst gegen den Strom mit herben, durchgegorenen Gewächsen ohne süßen Schnickschnack. Einer der Vorreiter war hier Franz Keller senior aus Oberbergen, ein Feind von banalen süßen Weinen. Er erntete schon Ende der Siebzigerjahre früher als üblich nur gesunde Trauben ohne Edelfäule, ließ den Saft voll durchgären und achtete auf eine anregende Säure. Innerhalb weniger Jahre war das der neue Stil der Sorte. So wurde Grauburgunder eine Erfolgsgeschichte, die heute bei rund 8100 Hektar in Deutschland angekommen ist. In Baden steht sie auf immerhin knapp 2400 Hektar.

# CHARDONNAY

## weltweite Ächtung und Winzertricks

Die Erinnerung an einen Münchner Unternehmer, der sich vor Jahrzehnten im französischen Weinbau eingekauft hatte, ist dauerhaft. Im Gespräch bot er »Chattonö« an, meinte damit das ganze Weingut und keineswegs nur eine Rebsorte. Vielleicht lernte er später etwas mehr über sein weiniges Schnäppchen.

Denn immerhin ist Chardonnay die wichtigste Weißweinsorte der Welt mit Rang fünf hinter den roten Spezialitäten Cabernet Sauvignon, Merlot, Airén und Tempranillo. Trotz dieses hohen Stellenwerts und der enormen Verbreitung (über 200 000 Hektar weltweit) musste Chardonnay einige Jahre lang heftige Ablehnung von Weinfreunden wegstecken. Diese gründeten sogar Glaubensgemeinschaften mit dem Slogan »Anything but Chardonnay (ABC)« und vertraten den Standpunkt, dass die Chardonnay-Weine durch den Ausbau in Barriques total überholzt schmeckten und geschmacklich ausgesprochen eintönig waren.

Das zeigte Wirkung bei den Erzeugern. Seitdem ging die Zahl der eindimensionalen, abweisenden »Holzsäfte« weltweit zurück. Auch die deutschen Winzerinnen und Winzer, die beim Sündenfall teilweise mitmischten, orientierten sich hin zu kraftvollen, eleganten Weinen mit Schmelz und zarten Holznoten. Vom Niveau her näherten sie sich damit teilweise noblen Franzosen wie Puligny-Montrachet, Corton-Charlemagne und auch Chablis, Mersault und anderen weißen Edelweinen vom Nachbarn. Nur die gelegentlich astronomisch anmutenden Preise erreichten sie nicht.

Woher der Chardonnay kommt, ist kein Geheimnis. Als Ursprung gilt Vorderasien. Eltern sind Pinot Noir und Heunisch. Letztere Sorte ist eigentlich ein Massenträger, der früher in Deutschland weitverbreitet war und bei seinen Neuauflagen hier nicht gerade entzückt. Der Chardonnay ist um einiges beliebter, vor allem im badischen Süden am Kaiserstuhl, wo er auf etwas 350 Hektar angebaut wird. Da die Rebe hohe Ansprüche an die Lage hat, findet sie sich bundesweit mit ihren rund 2700 Hektar eher im Mittelfeld.

Bis 1991 herrschte in Deutschland ein Pflanzverbot für diese »ausländische« Rebe. Aber Winzer können es faustdick hinter den Ohren haben. Sie vermerkten auf ihrem Anpflanzantrag »Weißburgunder« und bezogen ihr Pflanzgut aus Frankreich. Und nach dem grünen Licht für Chardonnay kam plötzlich erstaunlich viel »Chardonnay von alten Reben« auf den Markt …

# TUNIBERG

Kapellenberg mit Erentrudiskapelle, Tuniberg

## Tuniberg. Attila und ein Aprilscherz

Im Süden hat der Kaiserstuhl einen »kleinen Bruder« mit der Region Tuniberg. Bis 1991 waren beide Bereiche als Kaiserstuhl-Tuniberg eine Einheit. Aber dann machte sich der Tuniberg selbstständig, auch deshalb, weil er in Medienberichten oft als »Kaiserstühler« mitlief und keine Eigenständigkeit entfalten konnte.

Heute spricht man in dem Gebiet lieber vom »blühenden Weingarten Freiburgs« und benutzt für die räumliche Angabe der etwa 1050 Hektar den Hinweis »zwischen Schwarzwald und Vogesen«. Der Tuniberg selbst ist ein etwas über 100 Meter hoher Bergrücken mit etwa 10 Kilometer Länge. Sein Bild ist geprägt von landschaftlichen Schönheiten. Bekannte, teilweise zum nahen, östlich gelegenen Freiburg eingemeindete Weinorte sind Waltershofen, Opfingen, Tiengen und Munzingen. Burgunderreben in Weiß und Rot gedeihen hier besonders gut.

Die alte Verbindung Kaiserstuhl-Tuniberg wird touristisch nach wie vor als Einheit angesehen. Und sie ist in Sachen Wein nicht in Vergessenheit geraten. Jährlich gibt es ein gemeinsames Bereichs-Weinfest auf Breisacher Fluren, wo auch der Breisacher Winzerkeller zu Hause ist. Die 1952 gegründete Großgenossenschaft Badens nimmt Wein oder Trauben von diversen Einzelgenossenschaften auf und ist sehr bemüht, für Entlastung auf dem badischen Weinmarkt zu sorgen. Ihre Ernteergebnisse werden jedes Jahr bei einer Jungweinprobe vorgestellt.

Noch ein Geheimnis soll unter den Tuniberg-Weinbergen liegen: das Grab des Hunnenkönigs Attila. Dessen Lebensgeschichte ist schwer fassbar. Aber bekannt ist, dass er im 5. Jahrhundert in der Hochzeitsnacht verstarb. Ein Ort wird nirgendwo genannt.

Die Fantasie blühte indes weiter. Nach einer Legende zog der Hunnenkönig anno 451 siegreich mit seinen Scharen nach Gallien und machte Station in Breisach, wo man ihm Wein vom Tuniberg einschenkte. Zwei Jahre später fand er nach dieser Version bei einer Schlacht am Rhein den Tod und wurde unter einem Erdhügel am Tuniberg begraben. Dieses Grab entdeckte man angeblich bei einer Flurbereinigung am 1. April 1955 – man beachte das Datum.

Ausgedacht hatte sich den Aprilscherz der Bürgermeister der Tuniberggemeinde Niederrimsingen, Otto Fischer, der somit immerhin dafür sorgte, dass der Lagenname Attilafelsen geprägt wurde.

# SPÄTBURGUNDER

## sein Urknall in Deutschland

Wenn man so will, ähnelte das Jahr 1987 einem Urknall für den Spätburgunder in Deutschland und in Baden. Die Sorte hatte damals zwar schon eine seit Jahren deutlich angestiegene Rebfläche von rund 5000 Hektar. Aber die Winzer trauten ihr im internationalen Vergleich wenig zu und betrachteten sich hier als chancenlos. Doch dann kam es zum ersten Finale des Deutschen Rotweinpreises, ausgerichtet vom Weinmagazin *Vinum*, bei dem in der Spitze einige Burgunder zeigten, dass in Deutschland internationales Format möglich ist. Es gab zwei Sieger, eine badische Genossenschaft (Efringen-Kirchen) und einen Pfälzer Privatwinzer. Bestätigungen für die zunehmende Klasse deutscher Rotweine folgten in den Jahren darauf immer wieder, so etwa zehn Jahre später bei einem Journalisten-Test mit Burgundern aus Frankreich (darunter auch sündteure Weine), der Schweiz und Österreich. Die Spitzenplätze belegten deutsche Burgunder.

Der Spätburgunder, bei dem inzwischen auch in Deutschland auf den Etiketten häufig Pinot Noir steht, hat trotz seiner hohen Ansprüche an Lage, Klima und Witterung sowie notwendiger Sorgfalt im Ausbau mit gewisser Zurückhaltung beim Holzeinsatz, richtig Karriere gemacht und ist bei rund 11500 Hektar Rebfläche (in Baden 5100 Hektar) angelangt. Beim Deutschen Rotweinpreis, der nach 1987 zu einer Anmeldewelle führte, kamen die Sieger oft aus Baden. Manchmal gab es überdurchschnittlich viele Weinanstellungen, etwa 2005, weil im Jahrgang 2003 extreme Trockenheit in den Gebieten herrschte, mit der Folge, dass die Alkoholgehalte fast explodierten. Viele Erzeuger setzten ihre Hoffnungen auf alkoholreiche Rotweine mit häufig 15 »Volt«. Aber die Fachleute senkten die Daumen und notierten »brandig«.

Wo deutscher Burgunder im internationalen Vergleich noch Nachholbedarf hat, ist sein Preis. Nur wenige Winzer wagen sich an eine Überschreitung der 100-Euro-Grenze. Bei Weinen aus den Top-Flächen der Bourgogne dürfen es dagegen einige Tausender sein, an der Spitze Gewächse von Romanée-Conti. Eine Einzelflasche hat bei manchen Händlern, die eine solche Rarität listen konnten, schon den Preis einer Luxus-Urlaubsreise.

MARKGRÄFLERLAND

Steiler Aufstieg zu den Reben, Markgräflerland

## Markgräflerland. Die »Toskana Deutschlands«

Von der, wenn man so will, besonders geschichtsträchtigen Region Tuniberg wechseln wir in das Markgräflerland im äußersten Südwesten Deutschlands, gelegen zwischen Freiburg und Basel. Die Markgräfler werden gern etwas beneidet, weil sie offenbar vom guten Wetter überdurchschnittlich begünstigt sind (rund 1700 Sonnenstunden werden hier übers Jahr gemessen). Deshalb ist das landschaftlich reizvolle Gebiet, das schon mal die »Toskana Deutschlands« genannt wird, auch touristisch gut erschlossen. Hier findet sich alles vom Sternerestaurant bis zum gutbürgerlichen, gepflegten Landgasthof. Auf wohl jeder Weinkarte steht die typische Sorte des Gebiets: der Gutedel. Die Weißweinsorte ist ein Lockmittel für viele Schweizer Genießerinnen und Genießer, die das badische Preisniveau im Vergleich mit dem der Schweiz schätzen und immer wieder zum Einkaufen die Grenze passieren.

Anscheinend ist die Region auch ein gutes Pflaster für fußballerische Prominenz und Erfolgstrainer, die zu den Weingenießern gehören, nämlich die gebürtigen Markgräfler Ottmar Hitzfeld (Lörrach) und Christian Streich (Weil am Rhein). Ein ähnliches Kaliber, aber am Herd, ist der gebürtige Auggener Dieter Müller, der in seiner aktiven Zeit mit drei Sternen bedacht wurde.

Für seine Weine wird das Gebiet nicht selten unterschätzt, weil hier eine Sorte zu Hause ist, die früher weitverbreitet war und einen Ruf als Massenträger hatte. Aber der Gutedel hat durch die Ideen und Anstrengungen von Winzern so etwas wie »Sternekarriere« gemacht und ist auf Meisterschaftskurs.

### Eine starke Frau an Männers Seite und bundesligareife Weine

Wir sitzen in der Business-Lounge des SC Freiburg vor einem Bundesliga-Heimspiel gegen den Erzfeind VfB Stuttgart und wollen uns mit Wein stärken. SC-Mitglied Martin Männer, auch Eigentümer des Weinguts Blankenhorn, bestellt eine Flasche Chasselas. Aber es wird kein Schweizer Wein auf den Tisch gestellt, sondern ein badischer Gutedel, elegant und richtig kraftvoll, ausgewogen. Er wäre vielleicht eine gute Kraftnahrung für die SC-Kicker

Martin Männer

gewesen, die am Ende mit 1:3 den Kürzeren zogen. So aber wurde der Wein für uns zum Trostpflaster. Und er zeigte auf, dass der Besteller Ahnung von geschicktem Marketing hat. Denn er trug selbst die Verantwortung dafür, dass der neugierig machende Schweizer Sortenname statt Gutedel auf der Weinkarte stand.

Der Weingutschef fand nach dem Match genügend Zeit, zu erzählen, dass er als Mitglied seit zwanzig Jahren regelmäßig bei Heimspielen im Stadion ist, wie er so nebenbei zum Weinbau kam und wie es ihm gelang, eine großartige Weinmacherin ins Boot zu holen.

Geboren wurde Martin Männer 1974 in Freiburg. Aufgewachsen ist er am Kaiserstuhl, er hatte aber nur am Rande mit Wein zu tun, weil ein Onkel etwas Eigenbau betrieb und zum Mittagessen den Tischwein im Krug ausschenkte. Er studierte Rechtswissenschaften, war in einer lukrativen Kanzlei und an einem Hightech-Zulieferbetrieb beteiligt. Sein gutes Einkommen ermöglichte ihm auch Studienreisen nach Südtirol und Neuseeland, bei denen Wein nicht ausgespart wurde. Als er in einer Großkanzlei in Nürnberg tätig war, entwickelte er sich zu einem Fan von trockenem Silvaner. Und zuerst langsam, aber dann immer schneller wuchs das Interesse, selbst im Weinbau aktiv zu werden.

Die Ortenau rückte zuerst in den Fokus, auch über den Kaiserstuhl wurde nachgedacht. Aber dann kam ein Angebot auf den Markt, das Geschichte und einen bekannten Namen hatte: Blankenhorn in Schliengen. Gestartet wurde dieses Weingut durch die Umwandlung einer Poststation 1847 von Johann Friedrich (Fritz) Blankenhorn. Mit dem legendären Adolph Blankenhorn, einem Begründer des Deutschen Weinbauvereins (1874), war er entfernt verwandt. In fünfter Generation sah Eigentümerin Roy Blankenhorn keine Zukunft mehr für den damals knapp 20 Hektar großen Betrieb, weil unter ihren drei Töchtern keine war, die in ihre Fußstapfen treten wollte. Am 1. Juli 2014 erfolgte die offizielle Übernahme.

Was Martin Männer vorfand, war trotz Mitgliedschaft im VDP nicht gerade ein Top-Betrieb. Die Blankenhorn-Weine waren zum damaligen Zeitpunkt ungeachtet des umweltschonenden Weinbaus keine Glanzlichter. Gutedel war mit etwa 40 Prozent Flächenanteil die Hauptsorte. Schnell wurde Männer klar, dass eine Neuorientierung des Betriebs im Angebot, eine andere Kundenstruktur und auch ein teilweiser Neubau sowie viele Sanierungen nötig

Weingut Blankenhorn, Schliengen

waren, um das lange auf der Stelle tretende Weingut wieder ins Laufen zu bringen. Nicht unbedingt mit dem vorhandenen Team. »Bei der bestehenden Mannschaft mussten wir leider durchrotieren«, sagt er rückblickend. Noch deutlicher wird die Frau an seiner Seite, die nach dem ernüchternden Einstieg den Part der Weinmacherin übernommen hatte: »Wir mussten das Weingut praktisch neu erfinden«, erinnert sich Yvonne Männer (geborene Kessler).

Zum Glück hatte sich Martin Männer eingestanden, dass es bei ihm in Sachen Weinbau noch Wissenslücken gab. »Ich wollte zwar nicht noch mal die Studienbank drücken. Aber Fortbildung war nötig, bei der Weinakademie in Rust und vor allem mit dem anspruchsvollen WSET Level 4, einem Lehrgang zum diplomierten Weinprofi.« Hier lernte er im Dezember 2014 seine spätere Gattin kennen. Da war er bereits Vater von zwei reizenden Mädels, aber seine erste Ehe gehörte der Vergangenheit an.

Die neue Lebensgefährtin war Weinprofi und hatte das Wissen, das dem Weingutkäufer fehlte. Sie wuchs in der Pfalz auf, ihre Familie besaß eigene Rebflächen. Ihre Mutter betreibt in Landau ein önologisches Labor, das Winzer berät. Yvonne Männer selbst absolvierte die Hochschule Geisenheim und schloss als Diplom-Ingenieurin für Weinbau und Önologie ab, schnupperte in Weingüter in Neuseeland und Italien hinein, war an der Ahr Betriebsleiterin und zu Hause und in der Pfalz in Weinlabors tätig.

Zusammen entwickelten die beiden Pläne für die Zukunft, zu denen auch umfangreiche Baumaßnahmen gehörten. »Wir haben bewusst nicht auf der grünen Wiese gebaut, sondern wollten den Standort erhalten, aber doch vieles ändern«, erinnert sie sich. Dabei wurden sie in Schliengen natürlich neugierig beobachtet – ein Branchenfremder aus dem Kaiserstuhl und eine Pfälzerin in einem Traditionsbetrieb, das war manchen nicht unbedingt geheuer. In über fünf Jahren Bauzeit wurde das alte Gebäude in der Ortsmitte prächtig erneuert und mit Veranstaltungsräumen, einem repräsentativen Innenhof und einer Weinbar ausgestattet. Wohl am meisten Geld floss in den Weinkeller, in dem die erfahrene Önologin Yvonne ein hervorragendes Betätigungsfeld hat, um ihre Ideen zu verwirklichen.

Das Weinsortiment ist nach den VDP-Kriterien teilweise aufsteigend geordnet, mit Gutswein, Ortswein, Erste und Große Lage. Unter den Réserve-Gewächsen finden sich zwei komplexe Rote (Syrah und eine rote Cuvée) sowie das reife Gutedel-Aushängeschild »Courage chasselas«, wie alle Weine dieser Sorte von Holz geküsst. »Wir haben viele, auch sehr reife Chasselas in der Schweiz verkostet, um die zu uns passenden Stilrichtungen zu finden«, verrät Yvonne Männer. »Auch beim Kollegen Ziereisen haben wir reingeschnuppert.« Das Ergebnis von insgesamt 24 Hektar, darunter eine Serie aus der weißen Burgunderfamilie, macht durchgängig Freude und ist reif für vordere Plätze in der Wein-Bundesliga.

### WEINGUT FRITZ BLANKENHORN – MARTIN MÄNNER

Basler Straße 2, 79418 Schliengen
Tel. 07635 82000
www.weingut-blankenhorn.de

## Die Waßmer-Brüder. Zwei Originale an einem Ort

Die kleine Gemeinde Schlatt ist Teil von Bad Krozingen südlich von Freiburg. Sie ist bekannt für den Anbau von Erdbeeren und Spargel und feiert deshalb jedes Jahr im Mai ein Erdbeer- und Spargelfest. Aber eigentlich wäre längst auch ein Weinfest angebracht. Denn mit Wein wurde die Ortschaft sogar international berühmt – durch zwei innovative Brüder, die sich seit über fünfundzwanzig Jahren freundschaftlich Konkurrenz machen und mit ihren Erfolgen zu Vorbildern in Sachen Rotwein wurden.

Das war nicht unbedingt selbstverständlich, denn Schlatt war früher bekannt für eine Quelle, als wundertätig galt und heute noch Haushalte speist. Im 18. Jahrhundert wurden sogar Säuglinge damit getauft. Vielleicht kommt ein Schlatter Pfarrer einmal auf die Idee, mit Spätburgunder Taufen zu zelebrieren.

Der Jüngere, Martin (Jahrgang 1961), begann als Sechsunddreißigjähriger mit Weinbau, nachdem er eigentlich Koch gelernt hatte. Er war sogar einmal erfolgreich bei einem Wettbewerb mit einem Fischgericht, wollte aber trotzdem weg vom Herd. Damals konnte er 2 Hektar Reben der Eltern Eugen und Irma übernehmen, die ihre Trauben an eine Genossenschaft ablieferten. Der ältere Bruder, Fritz, mischte bei Erdbeeren, Mais und Kartoffeln mit und wandte sich erst etwas später dem Weinbau zu. Martins eigener Ausbau startete in der örtlichen Sportplatzstraße. Nebenan kickten die Fußballer der DJK Schlatt weit unten in der Kreisliga. Martin wollte schon höher hinaus, fiel 1999 mit seinen ersten Rotweinen beim Deutschen Rotweinpreis des Magazins *Vinum* positiv auf und erklomm Podestplätze. Spargel und Erdbeeren wurden nicht vernachlässigt, aber Weinbau rückte an die erste Stelle. Genauso war es bald darauf bei Fritz, der ebenfalls weiterhin fleißiges Personal brauchte, weil die Bodenfrüchte einen guten Umsatz brachten.

Rebfläche war damals günstig zu bekommen, also erweiterte Martin seine Fluren; heute ist er sogar im Glottertal und am Kaiserstuhl (Achkarren) vertreten, zudem in Dottingen, Schlatt selbst, Ehrenstetten und Auggen. Dass er reichlich alte Stöcken hatte (bis zu vierzig Jahre alt) und hier immer schon eine sehr enge Pflanzung pflegte (bis 12 000 Stöcke/Hektar), geriet durch geringe Ausbeute zum Vorteil. Zur Lese per Hand kommt der schonende Ausbau im Keller unter gezieltem Einsatz von Holz.

Himmelstreppe

Dass er auf dem richtigen Weg war, merkte er schnell durch seine Rotwein-Erfolge, die darin gipfelten, dass er 2012 bei der Siegerehrung vor dreihundert Weinfans in Fellbach von *Vinum* als »Roter Riese« gekürt wurde, für exzellente Burgunder und Co. über einen längeren Zeitraum. »Die Konstanz ist enorm wichtig«, meint er dazu. »Man muss selbst in schwierigen Jahrgängen sehr gute Weine erzeugen.«

Dieses Prinzip beherzigt auch Waßmer II, Vorname Fritz. Der »große Bruder« gründete 1998 im Alter von fünfundvierzig Jahren als weitgehender Autodidakt sein eigenes Weingut, nur mit einer Ausbildung im Staatsweingut Blankenhornsberg, und begann, Martin Konkurrenz zu machen. »Alter ist kein Verdienst, aber Erfahrung ein Vorteil«, war sein Motto, das ihn bald auf die Erfolgsstraße führte. Mit einem, wenn man so will, Umweg über das berühmte Burgunderhaus Romanée Conti.

Die Weine (ausschließlich Pinot Noir) der Domäne aus verschiedenen Fluren haben Legendencharakter. Es sind sündteure Raritäten; die Spitzenqualität kostet pro 0,75-Liter-Flasche über 10 000 Euro. Weltweit gibt es genügend zahlungskräftige Fans voller Andacht und mit vollem Konto –

Fritz und Martin Waßmer

dabei hat Schlatt Burgunder für moderate Summen zu bieten, die ebenso ein Hochgenuss sind.

Aber zurück zu Fritz und Romanée Conti. Er durfte dort reinschnuppern, bekam dadurch einige Anregungen und unternimmt seitdem immer wieder mal einen Ausflug in die Bourgogne. Was ihn von Anfang an faszinierte, war ein Traubensortierband. Und er ordert seitdem bei Nachpflanzungen zu Hause gern Klone aus der Bourgogne. Wie der Bruder schätzt er eine ungewöhnliche Pflanzdichte (bis zu 13 000 Stöcke/Hektar). Weil ihm Experimentierlust angeboren ist, befasst er sich auch gern mit anderen Sorten wie Auxerrois und Viognier und setzt mit Frühburgunder, Cabernet Franc, Merlot, Cabernet Sauvignon Akzente beim Deutschen Rotweinpreis. 2002 sprang er erstmals auf das Treppchen, die Auszeichnung »Roter Riese« bekam er drei Jahre nach dem Bruder. »Die Bezeichnung Riese passt besonders gut«, hieß es damals aufgrund seiner stattlichen Statur.

Weil die Brüder so erfolgreich waren, aber jeder mit dem eigenen Betrieb, wurde ihnen immer wieder mal unterstellt, dass sie miteinander in Fehde lägen. »Wir respektieren uns«, meint dazu Fritz. Martin ergänzt: »Der Erfolg des anderen ist ein fördernder Ansporn.« Eine Mitgliedschaft im VDP wäre für beide eigentlich längst fällig. Aber hier stört wohl die Vielseitigkeit der Winzer, die eben auch Erdbeer- und Spargelbauern sind (Fritz handelt nebenbei noch mit Weihnachtsbäumen). Die zwei ansehnlichen Weingüter (Fritz und Martin Waßmer), die mit der Zeit entstanden, machen auch Veranstaltungen möglich.

Eines ist bei beiden garantiert: Ein biederer, schlichter Wein findet sich nicht in ihren Kollektionen. Bei Martin ist die weiße Burgunder-Welt meist im Angebot limitiert. Aber er beweist auch, dass er Riesling und Gutedel kann. Ähnlich ist es bei Fritz, bei dem ein Fußballvergleich gestattet sei: Jeder Wein ein Treffer. Auch optimales Zusammenspiel ist angesagt. Fritz (Jahrgang 1953), der längst das Rentenalter erreicht hat, freut sich über die Mitarbeit von Tochter Lisa, die sich mit Armin Ritter einen auch vom Beruf her passenden Gatten (Kellermeister) ins Haus holte. Ihr Bruder Felix ist mit dem Senior für die Reben zuständig. Viel Geduld muss Martina, die Ehefrau von Fritz, aufbringen. Denn der hat sich 2022 noch eine interessante Nebenbeschäftigung zugelegt. Er hilft einer Familie im niedersächsischen Vilsbek, die ebenfalls Erdbeeren anbaut, beim neuen Betätigungsfeld Weinbau. Die Familie Osterloh lässt ihre Trauben 670 Kilometer gen Süden nach Schlatt transportieren, wo Fritz dann beachtliche Weißweine daraus macht. Die niedersächsisch-badische Gemeinschaftsproduktion wird auf dem Etikett nur als »Deutscher Wein« bezeichnet.

Auch für die Familie von Martin ist Teamwork Normalität. Gattin Sabine verantwortet vor allem den Verkauf. Bis zum Neubau 2016 führte sie auch noch Weinverkostungen für die Kundschaft durch. Tochter Sabrina, die unter anderem bei Schloss Vollrads im Rheingau und im Weingut Trimbach im Elsass ausgebildet wurde, steht dem Vater im Keller bei. Junior Marvin, der bei Julian Huber zum Weinberg-Profi wurde, packt im Außenbetrieb gemeinsam mit dem Vater die 40 Hektar an. Zur Erinnerung: 2 Hektar waren es mal, als Martin vom Koch zum Winzer wurde.

### WEINGUT MARTIN WASSMER

Am Sportplatz 3
79189 Bad Krozingen-Schlatt
Tel. 07633 15292
www.weingut-wassmer.de

### WEINGUT FRITZ WASSMER

Lazariterstraße 2
79189 Bad Krozingen-Schlatt
Tel. 07633 3965
www.weingutfritzwassmer.de

Edeltraud und Hanspeter Ziereisen

## Hanspeter Ziereisen
## Revolutionär und Gutedel-Provokateur

»Gutedel first – Riesling second«, prangt provokativ auf einem T-Shirt, mit dem sich Hanspeter Ziereisen aus dem Markgräflerland gern fotografieren lässt. Das stimmt, genau betrachtet, nicht. Denn Riesling sucht man in seinem umfangreichen Sortiment vergeblich. Kann nur sein, dass sich unter Hunderten (oder Tausenden) geleerten Flaschen aus vieler Herren Länder, die in verschiedenen Räumen des Weinguts in den Regalen zu sehen sind und meist noble, teure Herkunft erkennen lassen, auch mal ein Riesling verirren durfte. In häuslichen Nischen von Weinfans stehen vielleicht zahlreiche Flaschen, die einstmals der vielleicht ungewöhnlichste Winzer in deutschen Landen füllte, darunter der mit Abstand teuerste Gutedel Deutschlands.

2011 gelang ihm ein besonders feines Gewächs aus einer eng bestockten Gutedel-Anlage mit 10 000 Reben. Gemeinsam mit einem Freund überlegte er, ob er den bisherigen Flaschenpreis von 12,50 auf 25 Euro erhöhen solle. Der Marketingprofi gab ihm den Rat: »Versetz einfach das Komma.« So wurde der 125-Euro-Gutedel »Jaspis« bald darauf auf der Messe ProWein zum Tagesgespräch. Die Neugierde war groß, 1100 Flaschen waren schnell abgesetzt. Die Jahrgänge darauf mussten bereits zugeteilt werden.

Das Kontrastprogramm dazu bilden etliche Weine verschiedener Sorten, die preiswert sind und trotzdem schmecken. Schon der Heugumber Gutedel ist ein herzhafter Wein zum zweiten Frühstück. Eine Spezialität stellt der erst 2008 wiederentdeckte Muskatgutedel dar, eine historische Sorte, die früher im Mischsatz mit Muskateller und Gutedel stand. Viel Platz in der Preisliste nehmen auch die weißen Burgunder-Sorten Chardonnay, Grauburgunder und Weißburgunder ein. Und natürlich Hanspeters zweite Lieblingssorte Spätburgunder, die gemeinsam mit dem komplexen, dichten Syrah im Preis sogar den Nobel-Gutedel hinter sich lässt. Dass dieser Wein wie auch Spätburgunder und der Syrah den Beinamen Jaspis bekommen haben, weist auf die Mineralität im Boden hin (viel Quarz).

Jaspis steht auch für alte Reben und eine lange Fassreife der Weine. Etwas darunter rangieren in der Ziereisen-Hitparade die Premiumweine in Weiß und Rot. Die Rebsortenweine bilden eine ansprechende Basis. Nicht vergessen darf man einen herzerfrischenden, leicht sprudelnden Traubensaft, der »Ambrosia« genannt wird, zu Ehren der Speise, die der griechischen Mythologie nach den Göttern gereicht wurde.

Die knapp 20 Hektar von Ziereisens gesamter Rebfläche sind auch eine riesige Spielwiese für das Beschreiten neuer Wege im Anbau und für Experimente wie die Pflanzung von 20 000 Stöcken auf einem einzigen Hektar oder das Vergraben von Terrakotta-Fässchen mit Wein in einem Weinberg. »Das hat Ähnlichkeit mit den wieder modern gewordenen Amphoren der Georgier«, sagt Hanspeter und lacht. »Aber bei mir ist Gutedel drin.«

Diese Machart passt zum Winzer. Der gelernte Schreiner tanzt mit vielen Dingen aus der Reihe, seit er 1993 mit Weinbau begann und schon nach wenigen Jahren bei Vergleichsproben positiv auffiel – weil er vieles anders anpackte, als es damals in der Kellerwirtschaft üblich war. Seine Lehrmeister waren erfahrene Winzer, die ihn ermunterten, neue oder auch traditionelle Wege zu beschreiten. So praktiziert er, wie viele individuell arbeitete Winzer, die gute alte Spontangärung mit Hefen aus der Natur statt der häufig verwendeten Reinzuchthefen, das Ganze möglichst in betagten Holzfässern. Rote Sorten bekommen lange Standzeiten auf der Maische. Und mit unfiltrierten Füllungen hat Hanspeter gute Erfahrungen gemacht.

Seine ungeschminkten Weine erregten bei der amtlichen Weinprüfung immer wieder Anstoß. Zuerst konnte er sich noch darüber aufregen, dann entschloss er sich, alle seine Weine nur mehr als »Landwein« zu deklarieren. Was damals Schlagzeilen machte, ist heute Normalzustand, auch weil Ziereisen mit seinem Protest gegen das Diktat der Weinprüfung auf dem Markt keinerlei Probleme hatte, sondern eher Zustimmung und bald auch viele Mitstreiter fand. Die Folge war 2017 der erste Landweinmarkt in Baden unter dem Motto »Charakter kommt an«. Damals beteiligten sich dreizehn Winzer, beim 5. Landweinmarkt im April 2024 traten achtundzwanzig Weingüter mit zweihundert Landweinen an. Die Losung hatte Hanspeter vorgegeben, sie gilt auch für 2025: »Wir wollen Individualität und keine von Vorschriften eingeschränkte Mainstream-Ware.«

Das ist auch eine gute Beschreibung seiner eigenen Kollektion, bei der er sich immer noch weiterentwickelt und viel Neugierde ins Spiel bringt. So sammelte er Gutedel-Reben aus der ganzen Welt (natürlich auch Chasselas aus Schweizer Regionen), pfropfte sie auf und pflanzte in Einzelstockerziehung verrückte 20 000 Reben auf einem Hektar. Bald neu im Sortiment ist die alte, wiederentdeckte Sorte Blauer Arbst, ein Mitglied der Pinot-Familie. Eine neue Parzelle bei Efringen wurde von Spätburgunder auf Syrah umgepfropft. Damit ihm nicht etwa langweilig wird, renovierte er zuletzt ein »Rebhüsli«, außerdem wälzt er eventuelle Baupläne und freut sich, dass Junior Johannes Friedrich (23) sich zum guten Brenner von Hefe entwickelt und dass Tochter Ida Paulina (21) auch schon eigene Rebstöcke pflegt.

Und weil ihm das Markgräflerland offenbar zu klein geworden war, stieg er 2016 mit einem Partner in ein Weingut in Riehen im nahe gelegenen Schweizer Kanton Basel ein. Hier hat er sein erfolgreiches Engagement inzwischen zurückgefahren, er ist aber weiterhin beteiligt und hilft einem neuen jungen Chef, wenn Not am Mann ist.

Man darf unterstellen, dass die Frau an Hanspeters Seite das mit gewissem Wohlwollen sah, weil sie weiß, dass ihr Gatte Hochleistungssportler in Sachen Wein ist und am liebsten vierundzwanzig Stunden durcharbeiten will. Aber Edeltraud ist ihm auf anderen Feldern durchaus ebenbürtig. Die ehemalige Berufsschullehrerin versorgt das Team, Büro, Hofladen, ist für die Gästezimmer zuständig – und für die Erziehung von Sohn und Tochter. Außerdem betreut sie natürlich die Kundinnen und Kunden. Gelegentliche Missverständnisse am Telefon erheitern die Frau mit der alemannischen Sprache. Wenn sie sich mit »Zieriisee« meldet, legen manche Anrufer auf, weil sie vermuten, sie hätten sich verwählt.

**WEINGUT ZIEREISEN**

Markgrafenstraße 17
79588 Efringen-Kirchen
Tel. 07628 2848
www.ziereisen.de

# GUTEDEL

## Menge runter, Qualität rauf

Eigentlich könnte man diese Sorte als Hochstaplerin bezeichnen. Denn Gutedel setzt sich zusammen aus »gut« und »edel«. Aber diese Wörter waren in ihrer badischen Heimat, dem Markgräflerland, lange Zeit nicht angebracht. Noch Ende des letzten Jahrhunderts waren hier stattliche Erntemengen von oft deutlich über 100 Hektoliter pro Hektar die Regel, mit häufig einfacher Qualität. Dass dennoch die Nachbarn aus der Schweiz gern badischen Gutedel einkauften, lag an den Preisen, die deutlich unter dem Schweizer Niveau lagen. Bei den Eidgenossen heißt der Gutedel Chasselas, steht auf rund 4000 Hektar Reben und hat namhafte regionale Synonyme wie Fendant (Wallis), Dorin (Waadtland) und Perlan (Genf).

Seit einigen Jahren ist der Unterschied nicht mehr so dramatisch. Der Gutedel aus Baden hat an Qualität deutlich zugelegt und durch sorgfältigen Ausbau wird sein Potenzial geweckt. Einige Winzer haben auch beim Preis Selbstbewusstsein entwickelt, bis hin zu den 123 Euro, die Hans-Peter Ziereisen aus Efringen-Kirchen seit einigen Jahren für seinen besten Gutedel verlangt.

Erstmals angebaut wurde die Sorte wohl in der Oase El Fayum in Oberägypten südwestlich von Kairo. Wandgemälde lassen vermuten, dass sie schon vor über fünftausend Jahren bekannt war – weshalb vor fünfundzwanzig Jahren in Baden ganz frech das Jubiläum »5000 Jahre Gutedel« gefeiert wurde. Seefahrende Phönizier haben den Reben vermutlich den Weg in die weite Welt geöffnet. Die erste offizielle Bezeichnung als Gutedel datiert von 1621, der Täufer ist der Geschichtsschreibung allerdings nicht bekannt. Segensreich für die Sorte war eine Einstufung von Markgraf Karl Friedrich von Baden, der sie 1780 als »wertvoll« bezeichnete und damit für einen Anbauboom im Markgräflerland sorgte.

Heute sind hier immer noch 1050 von insgesamt 3000 Hektar mit Gutedel bestockt. Durch die Wiedervereinigung kamen an Saale-Unstrut und in Sachsen noch rund 25 Hektar dazu. Das führt in Sachsen in jedem Herbst zu einem Verkehrsproblem. Wenn die Trauben, meist von Hobbywinzern im Miniumfang in Meißen und Umgebung geerntet, über eine enge Straße zur Meißener Genossenschaft transportiert werden, ist »Gutedel-Stau« angesagt.

## SAUVIGNON BLANC

### im Weingesetz jahrelang vergessen

Auch die 1710 erstmals urkundlich erwähnte Sauvignon-Blanc-Rebe gehört zu den populären Sorten der Welt, die auf ihre Anerkennung in Deutschland lange warten mussten. Oder doch nicht. Denn unter dem Synonym Muskat-Sylvaner war sie bereits vor rund hundertfünfzig Jahren verbreitet, wurde dann aber im Weingesetz von 1971 mehr oder weniger vergessen. Erst als die Weinwelt international registrierte, dass der Sauvignon Blanc bekannte Herkünfte mit tollen Weinen prägte (Sancerre, Pouilly Fumé) und bei einigen prominenten weißen Bordeaux wie Sauternes die Hauptrolle spielte, stieg auch in Deutschland die Neugier auf diese Sorte.

1999 wurde sie erstmals in Württemberg zugelassen, zwei Jahre später bekamen die rheinland-pfälzischen Weinbaugebiete den Segen der Wein-Bürokraten. Inzwischen sind annähernd 2000 Hektar in deutschen Landen mit der Sorte bestockt. Man weiß, dass sich Sauvignon Blanc sehr gut für den Anbau eignet. Und man weiß inzwischen ebenfalls, dass es sich um eine Zufallskreuzung von Traminer und Chenin Blanc handelt. Dieses »Kind« liegt mittlerweile weltweit auf Platz zwei hinter dem Chardonnay und erfreut sich in deutschen Landen weiter zunehmender Nachfrage, weil die Sorte in der Lage ist, ausgezeichnete Qualität mit einem vielschichtigen Bouquet zu liefern (charakteristischer Duft nach Paprika und Stachelbeere).

Ein gewisser Trend vor allem in Franken ist die Deklaration der alten, immer noch zulässigen Bezeichnung Muskat-Sylvaner, weil Winzerinnen und Winzer die Weine nicht in einen Topf mit den oft überparfümierten Sauvignon Blanc der neuen Welt (Neuseeland vor allem) stecken wollen. Auch ein zweiter Name findet zunehmend Verbreitung, nämlich Fumé Blanc. Das ist die französische Bezeichnung für rauchig und auch ein Hinweis auf den Ausbau in Barriques. Populär wurde die Deklaration vor vielen Jahren, weil der kalifornische Weinstar Robert Mondavi aus dem Napa Valley mit dieser Bezeichnung für Sauvignon Blanc auf den Markt kam und viele Nachahmer fand. Vielleicht hatte er sogar mal überlegt, sich den Namen Fumé Blanc schützen zu lassen, aber das wäre bei einem Synonym nicht möglich gewesen. Wenn doch, hätte sich wohl der Verkauf des Unternehmens 2004 an einen Wein-Riesen erübrigt.

# BODENSEE

Kirchberg, Bodensee

## Bodensee. Ein kompliziertes Anbaugebiet

Der Bodensee ist, wenn man so will, auch ein Weinsee. Drei Länder mit aufstrebendem Rebbau flankieren ihn: die Schweiz, Österreich und Deutschland. Der deutsche Teil ist weinrechtlich etwas kompliziert, weil hier – ein feiner Unterschied – zwei Bundesländer ihren Anteil haben, nämlich Baden-Württemberg und Bayern. Die Weinbaugebiete Baden und Württemberg haben dabei jeweils verschiedene Aufgaben. In grauer Vorzeit konnte man Weinbau am Bodensee als Einheit betrachten. Auch die Schweizer mischten auf ihrer Seite tüchtig mit.

Der Rebenkultivierung am See entwickelte sich höchst unterschiedlich. Nach einer Blütezeit vor einigen Jahrhunderten machte sich ein Klimawandel bemerkbar, der die Trauben schlecht ausreifen ließ und die Weinqualität beeinträchtigte. Es ist überliefert, dass der Wein vom nordöstlichen Bodensee als »Wendewein« bezeichnet wurde. Er galt als so sauer, dass sich Trinker in der Nacht wenden mussten, damit sich die Säure nicht durch den Magen fraß. Auch der Begriff »Dreimännerwein«, der im 19. Jahrhundert ebenso für grimmige Weine im Osten gebräuchlich war, machte die Runde (zwei müssen den Trinker halten, damit er das Glas leert).

Durch die Klöster, die positiven Einfluss auf den Weinan- und -ausbau nahmen, verbesserte sich bis ins 19. Jahrhundert hinein langsam die Qualität. Nach der Säkularisation war es mit der Bedeutung der Klöster auch für den Weinbau vorbei. Aber der damalige Markgraf Wilhelm von Baden (1792–1859) sorgte für den Fortbestand des Klosters Salem im Rebbau. Geblieben ist von einstigen geistlichen Aktivitäten noch der Weinbau auf der Insel Reichenau. Das Kloster hier wurde 724 durch Wanderbischof Pirmin gegründet, war dann lange Zeit ein Benediktinerkloster, wurde schließlich ein eher normales Weingut, ehe 1896 Pfarrverweser Meinrad Mayer den Winzerverein Reichenau gründete, heute eine sehr aktive Genossenschaft mit 22 Hektar Reben. Ein anderer Pfarrer gab 1881 dem Weinbau am See wichtige Impulse: Heinrich Hansjakob (1837–1916), der wegen kritischer Äußerungen gegenüber Vorgesetzten nach Hagnau am Bodensee strafversetzt worden war, hatte nicht nur einen Ruf als Frauenheld, Ignorant des Zölibats und mehrfacher Vater, sondern feuerte durch die Gründung des örtlichen Winzervereins den

Meersburg, Bodensee

Startschuss für den genossenschaftlichen Weinbau in Baden ab. Heute werden 170 Hektar von zweiundfünfzig Winzerfamilien umweltgerecht bewirtschaftet. In der ersten Zeit durchlebte die Genossenschaft trotz allen Engagements kritische Zeiten. Um 1900 gab es im deutschen Teil des Bodenseegebiets nur mehr 1200 Hektar. Bis 1960 schrumpfte die Fläche auf 130 Hektar.

Inzwischen ging es wieder deutlich aufwärts. Die vorhandenen Rebflächen wuchsen merklich. Mittlerweile sind rund 670 Hektar mit Reben bestockt. Stattlich ist neben dem erwähnten Zuwachs auf der Insel Reichenau das Wachstum auf den Fluren von Hagnau (rund 108 ha) und Kressbronn (mittlerweile knapp 30 ha). Einige junge ambitionierte Winzer haben dazu beigetragen. Die wichtigsten Weinorte sind Hagnau, Birnau, Bermatingen und Meersburg (auch Sitz des Staatsweinguts).

Nicht unterschlagen darf man die außerhalb des Anbaugebiets Baden liegenden Orte. Das Gebiet rund um Kressbronn gehört zum Bereich Württembergischer Bodensee und wird auch weinrechtlich von Württemberg betreut.

Dann gibt es noch die drei Orte des Bayerischen Bodensees (Nonnenhorn, Wasserburg und Lindau), die erst vor einigen Jahrzehnten neu durchstarteten, geografisch zum bayerischen Allgäu gehören und als Landweingebiet eingestuft sind. In weinrechtlichen Fragen ist gelegentlich Würzburg für sie zuständig. Überall findet man herzhafte, gradlinige, süffige Weine (viel Rosé vom Spätburgunder). Dachorganisation ist der Verein BodenseeWein e.V., der alles als Einheit sieht und auf seiner Website vermerkt: »Auch in den Köpfen der Menschen am See ist der regionale Zusammenhalt viel stärker als die Zugehörigkeit zu den restlichen – meist weit entfernten Teilen der Anbaugebiete.«

Ausdruck dieser Einstellung ist seit Kurzem ein Weißwein, den vier befreundete Winzer aus verschiedenen Gebieten gemeinsam erzeugt haben, nämlich Claußß (aus Nack), Vollmayer (Hiltingen), Kress (Überlingen) und Lanz (Nonnenhorn). Startjahrgang war 2021, dreimal 500 Liter Grauburgunder und eine Partie Souvignier Gris aus dem bayerischen Nonnenhorn wurden über zwei Jahre für die Cuvée »Quartett« ausgebaut. Die Qualität rechtfertigt den Flaschenpreis von 48 Euro.

## Markgräfliche Tradition und Weinvielfalt

So kann es gehen im Lebenslauf eines Weinguts. Beim Interview im Herbst 2024 hatte Markgraf Bernhard (so die korrekte Anrede) noch den Eindruck vermittelt, Weinbau sei für ihn so etwas wie ein Nebenerwerb. Er erzählte, er habe neben seinen 100 Hektar Reben am Bodensee und gut 20 in der Ortenau zusätzlich 5000 Hektar Landwirtschaft, außerdem Obstbau, Fischwirtschaft und Forst zu betreuen und spiele in zahlreichen Institutionen eine maßgebliche Rolle. Markgraf von Baden, das ist nicht abgehobener Adel alter Prägung, sondern ein modernes Großunternehmen – mit biologischer Bewirtschaftung auf machbaren Gebieten wie dem Weinbau und der Landwirtschaft. Und das wie! Markgraf Bernhard hatte auch den Mut zu einer Entscheidung, die in der Weinszene am See kurz vor dem Jahreswechsel 2024/25 sicher viele Irritationen und auch Proteste hervorrief. Aber der Mann vom Jahrgang 1970, der standesgemäß neben Bernhard auf weitere Namen getauft wurde (Max Friedrich August Gustav Louis Kraft), ist nun mal seit dem Tod seines Vaters Max Markgraf von Baden (1933–2022) offiziell Chef des Adelshauses und damit berechtigt zu unternehmerischen Handlungen, die nicht überall auf Gegenliebe stoßen. Er nahm schon längere Zeit vorher eine Führungsposition ein, auch weil das Haus Baden sanierungsbedürftig war.

Die Kurve wurde durch Unterstützung des Landes Baden-Württemberg und einige Verkäufe unter anderem von Kunstschätzen genommen. Auch Teile der Schlossanlage in Salem, dem Wohnsitz der Familie, sind seit 2009 in Landesbesitz. »Wir sind ein Wirtschaftsunternehmen, das in Jahrhunderten denkt und zum Beispiel auf dem schwierigen Weinmarkt Erfolg haben muss«, fasst Markgraf Bernhard zusammen. Stolz ist er in dieser Hinsicht auf die Mitgliedschaft im noblen VDP (seit 2012) und die von Jahr zu Jahr stärkere Hinwendung zum Bio-Weinbau, auch mit der Pflanzung von Piwi-Sorten (pilzwiderstandsfähig). Er ist offiziell Eigentümer des Unternehmens, hat aber mit Bruder Michael Prinz von Baden (geboren 1976) als dem Generalbevollmächtigten für die Verwaltung einen »Juniorpartner« in der Familie, der sich intensiv einbringt.

Man darf unterstellen, dass die Brüder länger miteinander diskutiert haben, bevor am Bodensee die Weichen für Wein neu gestellt wurden. 60 Hektar Reben in den Regionen Uhldingen-Mühlhofen und Bermatingen wurden im Frühjahr 2025 in ökologisch regenerativ genutztes Land umgewandelt. Künftig gedeihen hier Ackerfrüchte, und die Felder erhalten Hecken, Bäume und Biotope. Zwischenfrüchte und Kleegras werden zur Heimat von Schafen. Markgraf Bernhard erklärt dazu: »Diese Landwirtschaft nach den Richtlinien von Naturland ist unsere unternehmerische Antwort auf die drängenden Herausforderungen des Klimawandels und des Artensterbens.«

Die dafür geopferten 60 Hektar Reben am See bedeuteten eine Trennung von Mitarbeitenden und auch Abstriche im Sortiment. VDP-Weine vom Bodensee wird es also künftig nicht mehr geben. Dieser Nobelbereich bleibt der Ortenau vorbehalten. Die sonstigen Bodensee-Weine zählen weiter zum Sortiment. Die Entscheidung, die Weinbaufläche am See deutlich zu reduzieren, ist laut Markgraf Bernhard auf die tiefgreifenden Veränderungen im Weinmarkt mit sinkendem Absatz zurückzuführen.

Etwas im Widerspruch zu diesen aktuellen Entscheidungen und zur Bedeutung des Hauses scheint eine 2017 publik gemachte Partnerschaft mit

Marstall, Schloss Salem

Bernhard Markgraf von Baden

Rotkäppchen-Mumm zu stehen, einem Unternehmen, das vor allem bekannt ist durch Billigsekt im Supermarktregal. Aber der Erfolg heiligt die Mittel. Durch die Vermarktungsstruktur von Rotkäppchen sah Markgraf Bernhard die Chance, den Weinabsatz mit badischem Wein, nicht aus dem eigenen Keller, zu steigern und bei der Gelegenheit auch Winzerinnen und Winzern sowie Genossenschaften neue Absatzwege durch Zukauf zu öffnen. »Wir fanden viele dankbare Lieferanten und haben mit ihnen langfristige Lieferverträge geschlossen. Schon mit dem ersten Jahrgang mit drei Millionen Flaschen ging der Absatz fast durch die Decke.«

»1112« ist die Marke für diese Weine; das ist gewissermaßen das Gründungsjahr der badischen Markgrafen, verrät aber auf den ersten Blick nicht den Zusammenhang. Der Weinpreis beträgt in der Regel um die fünf Euro im Regal, bei Aktionen darf es noch etwas weniger sein. Ausgebaut werden die Weine in verschiedenen badischen Betrieben, weil die Kapazität der Kellerei im Areal in Salem, dem Stammsitz der Familie, zu gering ist. Ein Unternehmensdach für das Projekt ist die Markgräflich Badische Weinhaus GmbH Salem, an der beide Häuser (das Weingut im Badischen und die Sektkellerei in Eltville/Freyburg) mit je 50 Prozent beteiligt sind.

Auch wenn manche Badener irritiert sind über das ungewöhnliche Joint Venture, so sollten sie doch wissen, dass das Ergebnis ein solides Preis-Wert-Verhältnis hat und man bei den Zukäufen von Spätburgunder, Weißburgunder, Grauburgunder und Co. auf verlässliche Qualität achtet.

»Wir fühlen uns Baden verpflichtet, weil unsere Familien hier seit 1112 den Qualitätsweinbau entscheidend geprägt haben«, meint Markgraf Bernhard. Die Geschichte weist aus, dass das Haus 1495 erste Weingesetze verabschiedete, dass Markgraf Karl Friedrich 1780 von Vevey am Genfer See den Gutedel im Markgräflerland einführte und 1782 den sortenreinen Anbau von Riesling auf den steilen Fluren von Schloss Staufenberg in der Ortenau verordnete (daraus entstand die Weinbezeichnung »Klingelberger«).

Zwei Weingüter mit Tradition, die rund 170 Autokilometer voneinander entfernt sind, erfolgreich zu leiten, macht vor allem eines erforderlich: Teamwork. Im Umfeld beider Schlösser in Salem und Durbach sind erfahrene, tatkräftige Mitarbeiter am Werk. Die Verantwortung für den Weinbau hat der gebürtige Rheingauer Volker Faust als Betriebsleiter. Herkunft verpflichtet: Natürlich studierte er Weinbau in Geisenheim und absolvierte Ausbildungen auf Schloss Johannisberg und im Weingut Schönborn. 2001 ereilte den Mann vom Jahrgang 1965 dann der Ruf aus Baden.

Hier kann er engagierte Profis in beiden Häusern dirigieren. In der Ortenau ist das seit 2018 Frédéric Kirch aus Lothringen, der Weine mit burgundischem Charakter anstrebt und sich besonders im Bio-Weinbau engagiert.

In Salem wird nach der Neuordnung nur noch von 40 Hektar Wein erzeugt. Aber was unter »Bodensee-Wein« in der Preisliste steht, präsentiert sich beim Flascheninhalt durchaus ansehnlich. Müller-Thurgau darf hier nicht fehlen. Die Sorte ist, wie der Spätburgunder, am See bei den Touristen ein Renner. Für den »Müller« ergreift auch der Hausherr besonders gern Partei. Denn für die Präsenz der Rebe am See sorgte vor rund hundert Jahren das Adelshaus. »Auf die Weine dieser schon lang unterschätzten Sorte bin ich besonders stolz«, sagt Markgraf Bernhard – und bekommt unsere volle Zustimmung. Auch mit dem Sauvignier Gris, einer neuen, aber hoffnungsvollen Piwi-Sorte, kann man in Salem reüssieren.

Grauburgunder, Chardonnay, Spätburgunder und natürlich Klingelberger (Riesling) sind die Aushängeschilder vom Durbacher Schloss Staufenberg. Das Sortiment ist umfangreich, nach verschiedenen Qualitäts- und Preisstufen wohlgeordnet. Prickeln lässt man es auch in verschiedenen anregenden Versionen. Hier profitiert man von einer schon länger bestehenden Zusammenarbeit mit Geldermann-Sekt (einem Abnehmer von Grundweinen für Crémant). Es passt, dass die Kellerei in Breisach seit 2003 Bestandteil des Premiumsegments der Rotkäppchen-Gruppe ist.

### MARKGRÄFLICH BADISCHES WEINGUT

Schloss Salem / Bodensee
88682 Salem
Tel. 07553 81284
www.markgraf-von-baden.de

### WEINGUT MARKGRAF VON BADEN

Schloss Staufenberg
77770 Durbach / Ortenau
Tel. 0781 92465838
www.schloss-staufenberg.de

## Der etwas andere Rebholz vom Bodensee

Nein, kein Versehen, dass der prominente Weinname Rebholz in diesem Buch vertreten ist. In den folgenden Zeilen geht es allerdings nicht um den international berühmten, in den Weinführern hoch bewerteten Pfälzer, sondern um einen Erzeuger vom Bodensee, der bislang in den Medien nur vereinzelt wahrgenommen wird. Er betreibt Weinbau in einem Gebiet, in dem man kaum mehr Reben vermutet, nämlich im westlichen Teil des Sees, ein Stück entfernt vom bekannten Teil des Bodensee-Weinbaus in Meersburg und Umgebung und beinahe schon auf Schweizer Gemarkungen. Die Trauben des Bodensee-Rebholz wachsen auf insgesamt 8,2 Hektar in Gaienhofen und Weiler auf der Halbinsel Höri sowie auf einem Weinberg mit dem martialischen Namen Bohlinger Galgenberg. Hier, auf einem sehr kühlen Gelände, stand früher tatsächlich ein Galgen, der erst 1820 abgerissen wurde (heute steht an dieser Stelle ein Aussichtsturm). Schon ein einfacher Diebstahl reichte vor Jahrhunderten für die Todesstrafe durch Erhängen. In Chroniken ist auch von Richterwillkür die Rede und von Mahnungen für die Nachwelt, weil die Verurteilten oft einige Tage am Seil baumelten.

Später wurden hier Reben gepflanzt, wohl ohne genaue Kenntnis der Flur. Denn erst unser badischer Rebholz, mit Vornamen Hans, erkannte, dass wertvoller Vulkanboden die Unterlage war, eine Hinterlassenschaft des einstigen Hegau-Vulkans Hohentwiel (der aber schon einige Millionen Jahre nicht mehr aktiv ist). So machte Hans Rebholz nach jahrzehntelanger Brache aus dem Galgenberg wieder einen funktionierenden Weinberg mit erstklassigen Ergebnissen.

Aber fangen wir ganz vorn an, als der 1958 geborene Winzer in spe noch nicht an seine künftige Leidenschaft für den Weinbau dachte und daran, dass er einmal indirekt ganz sanft zum Wachstum der Rebfläche am Schwäbischen Meer beitragen würde (666 Hektar wurden zuletzt gemeldet, mit einer Zunahme von 40 Prozent pro Jahrzehnt). Hans wuchs in einem kleinen landwirtschaftlichen Betrieb auf, studierte Landwirtschaft und Betriebswirtschaft an der Uni in Stuttgart-Hohenheim, kam aber mit dem dort ebenfalls vertretenen Weinbau kaum in Berührung. Erste nennenswerte berufliche Station war für dreieinhalb Jahre eine Handelsgesellschaft für Agrarprodukte in Hamburg.

Hans Rebholz

Nach der Heirat keimte der Gedanke auf, mit seiner Gattin Hannelore nach Hamburg zu ziehen. Kennengelernt hatte er sie auf einer seiner häufigen Zugfahrten zur Uni in die Landeshauptstadt, wo sie sich für die spätere Tätigkeit als Lehrerin rüstete. Sie nahm dann eine Stelle als Grundschullehrerin am Bodensee an. Ein Umzug nach Hamburg erschien für beide beruflich schlecht verkraftbar. So wurde zwar seine lange Pendelzeit im Kauf genommen (»jede Woche Hamburg und zurück«), aber Hamburg als gemeinsamer Wohnort aus den Zukunftsplänen gestrichen. In ihrer Freizeit brachten die beiden das alte Wohnhaus von Hans' Familie am Bodensee auf Vordermann, aber zunächst nicht mit dem Ziel, aus dem einstigen Schweinestall einen Weinkeller zu machen.

Zurück in der Heimat fand Hans eher zufällig Kontakt mit dem Markgrafen von Baden in Salem, der einen Büroleiter und auch jemanden für den Weinverkauf brauchen konnte. Das war 1987. Der junge Mann lernte natürlich den damaligen Kellermeister Herbert Senft kennen und schätzen, ebenso dessen Weine. Der Önologe, der sich 1988 mit einer eigenen Brennerei in Salem selbstständig machte, die heute unter seiner ungebrochenen Energie rund vierzig verschiedene Destillate erzeugt, vermittelte ihm wohl Weininteresse und auch Leidenschaft.

Nach der Tätigkeit für den Markgrafen folgten Aktivitäten für eine Kellerei im schweizerischen Schaffhausen in leitender Position, danach in einer Genossenschaft und im Handel mit italienischen Weinen, wobei Hans in die italienische Weinszene hineinschnuppern konnte. »So wurde mein Horizont ab 1993 immer mehr erweitert«, sagt er und folgert: »Die Idee, selbst ein Weingut aufzubauen, war naheliegend geworden.« Selbstvertrauen gab ihm dafür der zufällige Fund eines alten Rebaufbauplans in Bohlingen, dem Ort mit der ältesten Weinbautradition auf der deutschen Seite des Bodensees, wo der Weinbau schon Jahrzehnte zuvor zum Erliegen gekommen war.

Im Jahr 2001 begann er seine Winzerlaufbahn – mit 25 Ar. Aller Anfang war schwer, denn Flächen mit Reben, die man einfach übernehmen konnte, gab es nicht im Großraum Radolfzell. Hans Rebholz konnte nur Areale pachten, für die Weinbau rechtlich zugelassen war. Das, was er fand und was eigentlich für seine Zwecke frei war, konnte er jedoch nicht so einfach urbar machen. »Ohne freundschaftliche Hilfe und Motorsägen hätte ich das nie geschafft.« Er bekam es auch mit rechthaberischen Behörden zu tun,

Weingut Rebholz, Innenhof

die immer wieder mal Anträge auf Anpflanzungen verweigerten. Aus dem Regierungspräsidium in Freiburg erhielt er bei einer Anfrage den Bescheid: »Wir werden einen Teufel tun, das zu genehmigen.« Doch Rebholz blieb stur wie ein uralter Rebstock. Im Rückblick mit einem dicken Aktenordner unter dem Arm meint er: »Ich könnte ein Buch über meine Auseinandersetzungen mit den zuständigen Behörden schreiben.«

Seinen ersten Wein produzierte er 2003, einige Liter für »kleine Fläschle, eher ein symbolischer Akt«. 2004 hingen dann schon mehr Trauben an den Stöcken und es konnte allmählich von richtigem Weinbau die Rede sein. Nach und nach bekam er Zugriff auf interessante, gut nutzbare Flächen. In Gailingen war das beispielsweise ein fast hundert Jahre alter Weinberg mit Spätburgunder- und Müller-Thurgau-Stöcken, die sich veredeln ließen. Für die Übernahme von einigen Ar mit zahlreichen anderen Grundbesitzern mussten fast sechzig Pachtverträge unterschrieben werden. Dass da einer in dieser Bodensee-Ecke ganz wild darauf war, Rebfläche zu übernehmen, wurde auch in den sozialen Netzwerken bekannt – was sich ebenfalls als hilfreich erwies.

Jobs in der Schweiz sicherten in der Aufbauphase das finanzielle Auskommen (»So etwas wie ein Barriquefass konnte ich mir nicht leisten«), und Gattin Hannelore sorgte sich neben ihrer Arbeit als Lehrerin um die beiden Söhne Klaus und Christian. Sie sind inzwischen in die nächste Winzergeneration hineingewachsen. Für das auf 8,5 Hektar angewachsene Weingut mit heute fünfunddreißig Barriques in einem früheren Kartoffelkeller ist der Nachwuchs im Verkauf und hier sogar im Exportgeschäft tätig. »Wir liefern nach England, Italien und Skandinavien«, erzählt der stolze Vater.

Der international renommierte Weinname Rebholz mag für den ersten Kontakt gelegentlich hilfreich sein. Aber dafür kann der Bodensee-Rebholz nichts. Er erforschte seine Ahnenreihe sogar zurück bis 1643, um festzustellen, ob nicht doch irgendwelche verwandtschaftlichen Beziehungen bestehen. Das ist nicht der Fall. Aber wenigstens hat er den Namensvetter in Siebeldingen (Pfalz) schon besucht und sich auch gefreut, dass es einen Gegenbesuch gab.

Weinauswahl bei Hans Rebholz

Das passierte ausgerechnet in einem Jahr mit Frostschäden, sodass er dem Gast wenig zeigen konnte. Aber motiviert wurde er durch das Pfälzer Interesse doch.

Die Qualitätsanstrengungen beim Bodensee-Rebholz beginnen schon im Winter mit einem sanften Rebschnitt, eine erst seit wenigen Jahren praktizierte Methode für die spätere Ertragsbildung und auch zur Gesunderhaltung der Stöcke. Die Neuanlagen werden möglichst dicht bepflanzt. Es entsteht ein Konkurrenzkampf der Reben um Nährstoffe und Wasser, der sie tiefer wurzeln lässt. Dabei sinkt der Ertrag pro Stock deutlich. Die Weinberge selbst werden weitgehend nach ökologischen Kriterien bewirtschaftet. Beim Ertrag wird Grünlese (das Entfernen unreifer Früchte vor der Ernte) praktiziert und auch Traubenteilung, um die Ergebnisse noch weiter zu reduzieren. Geerntet wird selektiv von Hand. Die weißen Gutsweine reifen im Edelstahl. Die Orts- und Lagenweine vergären spontan in Barriques und reifen dann bis zu sechzehn Monate lang auf der Hefe.

Die Resultate im Glas haben einen hohen Spaßfaktor. Müller-Thurgau ist hier ein guter, anregender Einsteiger, den Hans Rebholz auch deshalb gern pflegt, »weil die Sorte einfach Tradition am Bodensee hat«. Ansonsten spielt er die Burgunder-Karte aus, bei Weiß mit komplexen, würzigen Weiß- und Grauburgunder, bei Rot mit feinem Spätburgunder mit eleganten Facetten, der durchaus mit deutschen Spitzenburgundern mithalten kann. Crémant (Sekt) in Weiß und als Rosé sind prickelnde Ergänzungen. Für deren letzten Schliff sorgt nach der Reifung der Grundweine auf der Hefe Spezialist Herbert Reinecker aus Auggen im Markgräflerland, der für zahlreiche Weinerzeuger die letzten Feinheiten aus ihren Pricklern herausholt. Beachtung verdient auch Charly's Likörwein vom Spätburgunder, einem Port nachempfunden. Und weil am Bodensee jede Menge Obst wächst, gibt es auch eine eigenständige Brennerei, komplett unter der Regie des unermüdlichen Winzers, mit einem stattlichen Angebot an diversen Bränden inklusive eines Bodensee-Marcs, im Eichenfass gelagert. »Unser Bodensee-Grappa, gebrannt von Spätburgunder-Trester«, erläutert Hans, der Vielseitige.

**WEINGUT REBHOLZ**

Bergstraße 1, 78315 Radolfzell-Liggeringen
Tel. 07732 13811, www.rebholz-wein.de

# MÜLLER-THURGAU

## langes Rätsel mit den »Eltern«

Der »Müller«, wie er oft salopp genannt wird, war lange Zeit ein Falschspieler in Bezug auf eines seiner Elternteile. Die 1882 in Geisenheim gezüchtete und später nach ihrem Züchter Hermann Müller aus dem Schweizer Kanton Thurgau benannte Sorte Müller-Thurgau wurde über Jahrzehnte hinweg auch als Riesling x Silvaner deklariert. So stand es in etlichen Weinbüchern, die als Standardwerke galten – trotz regelmäßig aufkommender Zweifel, dass Professor Hermann Müller (1850–1927) bei seiner Züchtertätigkeit in der damaligen Lehranstalt für Obst- und Weinbau in Geisenheim wirklich die beiden Sorten benutzte.

Müller selbst hatte immer wieder den Verdacht, dass bei der Züchtung Sorten verwechselt wurden. Aber er entwickelte nach der Rückkehr aus Geisenheim in die Schweizer Heimat die Sorte in Wädenswil (Schweiz) weiter, auf Basis von Setzlingen, die aus Geisenheim nachgeliefert wurden. 1908 wurden 22000 Reben in der Schweiz und dem Ausland verteilt, weitere fünf Jahre später unter der Sortenbezeichnung Müller-Thurgau nach Deutschland geliefert.

Die ersten Pflanzungen erfolgten – hört, hört! – im Regensburger Stadtteil Oberwinzer, weil es in der Zeit nach der Reblauskatastrophe im 19. Jahrhundert wichtig war, reblausfreie Flächen für eine Art Quarantänestation zu finden. Deshalb feierte man in der Stadt an der Donau 2013 das Jubiläum »100 Jahre Müller-Thurgau« sogar mit einer Sonderbriefmarke (Auflage 5000 Exemplare). Sie sorgte nicht für eine Schubkraft für das kleinste Weinbaugebiet Deutschlands in Regensburg und seinem Umfeld. Nur noch wenige Hektar sind hier mit Reben bestockt, aber zumindest gibt es ein BaierWein-Museum in Bach an der Donau, östlich von Regensburg.

Die Sorte machte Karriere als weltweit erfolgreichste Weißweinzüchtung. In Deutschland belegte sie etliche Jahre die Führungsposition unter den weißen Sorten (Ende der Siebzigerjahre waren es rund 25 000 Hektar) und hatte als Kreuzungspartnerin etliche Nachkommen wie Bacchus, Diana, Faber, Rieslaner, Deckrot, Kanzler, Würzer und Fontanara. Heimisch wurde sie vor allem in Franken.

Der Silvaner als ein Elternteil der Sorte wurde lang angezweifelt. Versuche, die Züchtung nachzuvollziehen, blieben erfolglos. Zumindest gelang es 1957, das Fehlen von Silvaner-Erbgut nachzuweisen. In Klosterneuburg (Österreich) wurde 1998 als »Vater« der Chasselas (Gutedel) vermutet. In der Deutschen Bundesanstalt für Züchtungsforschung in Siebeldingen kam man der Sorte Madelaine Royal, einer Züchtung aus dem Formenkreis des Chasselas, auf die Schliche. Inzwischen ist man bei einer Kreuzung Pinot mit Trollinger angelangt.

Weil der »Müller« lange Zeit nur in Franken erfolgreich war, bekam er aus Marketinggründen das Synonym Rivaner (Anlehnung an Riesling und Silvaner) verpasst. Angestrebt wurde ein herber, jugendlicher, leichter Wein, der mit dieser Deklaration durchaus auf die Erfolgsstraße kam. In Baden setzt man mehr auf die klassische Deklaration. In Deutschland wird er aktuell auf knapp 11 000 Hektar angebaut, etwa 2200 Hektar entfallen auf Baden. Hier sind besonders die Weine vom Bodensee beliebt, weil es das Klima am See gut mit den Reben meint und die Erzeuger deren Potenzial wecken – unter dem traditionellen Namen Müller-Thurgau.

Wenig bekannt ist, dass die Sorte unter besonderen Umständen am Bodensee ein Zuhause fand, und zwar lange, nachdem sie in Bayern erstmals gepflanzt worden war. Im April 1925 wurden 400 Pfropfreben Müller-Thurgau in der Nacht von Ermatingen in der Schweiz per Ruderboot, gut versteckt unter Netzen, auf die andere Seeseite transportiert. Einer der Schmuggler war Johann Baptist Röhrenbach, Verwalter des Schlossgutes Kirchberg, das zu den Besitztümern des Grafen von Baden gehörte. Er wollte schon länger unbedingt Müller-Thurgau anpflanzen, weil die sonstigen Sorten am See (unter anderem der saure Elbling) einen Wein lieferten, der nicht geschätzt wurde und dem Seewein einen schlechten Ruf einbrachte.

Als man entdeckte, dass Röhrenbach die Weinberge von Schloss Kirchberg mit »Müller« bereicherte, wurde ihm das mit Androhung der Entlassung untersagt. Lediglich für Immenstaader Fluren bekam er die Erlaubnis; er holte sich im Jahr darauf wieder illegal Rebstöcke aus der Schweiz und versorgte interessierte Winzer am See damit. Bald wurde dieser neue Seewein zum Gesprächsthema unter Weinkennern; sie urteilten, dass man einen so guten Wein hier vorher noch nicht gefunden habe. Auch Prinz Max von Baden legte kein Veto mehr gegen die Verbreitung der Sorte ein und freute sich über einen »unabhängigen Abhängigen«.

Regent

PIWI

## Die Piwis und ihr weiter Weg

Viele Weinfreunde sind immer noch verunsichert, wenn sie mit dem Begriff »Piwi« konfrontiert werden. Das ist zunächst einmal eine griffige Abkürzung für pilzwiderstandsfähige Rebsorten, die deutlich weniger Pflanzenschutz benötigen (bis zu 80 Prozent) als klassische, gewohnte Rebsorten und besonders starke Widerstandskraft gegen die Krankheiten Echter und Falscher Mehltau aufweisen. Das trägt auch dazu bei, dass Winzer deutlich weniger oft durch die Reben fahren müssen, um zu spritzen. Außerdem werden dadurch der $CO_2$-Ausstoß und die Bodenverdichtung deutlich verringert.

Um Reben zu erhalten, die gegenüber den klassischen Sorten wie Riesling, Burgunder und Co. Vorteile in der Widerstandskraft gegen Krankheiten und Schädlinge und möglichst noch eine gesteigerte Qualität liefern, wurde schon früh in der Weinwissenschaft fleißig gekreuzt.

Ein Ansporn war die zwischen 1858 und 1862 eingeschleppte Reblaus. Dieser verhängnisvolle »Import« war eigentlich gedacht für die Erprobung von Sorten, die gegen Oidium (Echter Mehltau) wirkungsvoll sein sollten. Aber im »Marschgepäck« der Stöcke lauerte die sich rasch vermehrende »Wurzellaus«, die fast den Weinbau in Europa zunichtegemacht hätte. Durch das Aufpfropfen von europäischen Reben (Vitis vinifera) auf amerikanische Reben, die von Natur aus resistent waren, konnte das Problem mit der Zeit bewältigt werden – weil die Wurzellaus keinen Appetit darauf hatte.

Bekämpft wurde sie unter anderem von einem Badener, Adolph Blankenhorn (1843–1906), der ein Önologisches Institut in Karlsruhe gegründet hatte und mit resistenten amerikanischen Reben und Hybriden gegen die Reblaus vorging, auf Basis von Experimenten über die Biologie des Schädlings.

Weil Kreuzungen verschiedener Gattungen lange Zeit ein spannendes Thema waren, beschäftigte sich die Wissenschaft weiter damit. So entstanden unter anderem in den ersten Jahrzehnten des 20. Jahrhunderts diverse Kreuzungen mit Namen wie Delaware, Noah, Isabella, Elvira, Othello und Concordia, die in Österreich besonders erfolgreich waren und auf mehreren Tausend Hektar Verbreitung fanden. Es stellte sich indes heraus, dass diese Hybriden qualitativ nicht zufriedenstellten, eine hohe Säure hatten und im Aroma einen »Foxton« (wie nasses Hundefell) aufwiesen. Weiterentwicklungen sorgten zumindest für Trinkbarkeit. Im Südburgenland gelten diese

Züchtungen unter der Bezeichnung »Uhudler« immer noch als von manchen Weinfreunden geschätzte Spezialität.

In Deutschland, der Schweiz und auch in Österreich wurde freilich weiter fleißig zwischen europäischen und andersgearteten Gattungen aus den USA gezüchtet – so viel, dass mittlerweile die Übersicht etwas verloren gegangen ist. Die Liste der inzwischen auf dem Markt zu findenden Piwis wurde in den letzten Jahren lang und länger. Beteiligt daran war auch das auf diesem Feld sehr aktive Weinbauinstitut Freiburg, das dazu beitrug, dass die pilzwiderstandsfähigen Sorten in Deutschland inzwischen bei knapp 3000 Hektar angelangt sind.

Die am besten eingeführte Sorte, die gut die Hälfte der Piwi-Rebfläche einnimmt, wurde bereits in den Neunzigerjahren gepflanzt und hat einen Namen, den man getrost als hochstaplerisch bezeichnen kann: Regent. Es handelt sich um eine Rotwein-Kreuzung von Silvaner x Müller-Thurgau mit der vor allem in den USA weitverbreiteten Sorte Chambourcin, die wiederum eine Kreuzung von Sorten mit Hybridenblut ist. Vielleicht sind die deutschen Winzer wegen des Namens auf diese Rebe in größerem Umfang eingegangen – und weil sie einen passablen Rotwein lieferte, der auch den Ausbau im Holz gut vertrug.

Regent, eine Züchtung des Geilweilerhofs in der Pfalz, bekam 1995 Sortenschutz. Auf den Einsatz von Pflanzenschutzmitteln kann nicht ganz verzichtet werden. In den letzten Jahren ist die ursprüngliche Begeisterung für diese Sorte offenbar etwas abgeflaut, vielleicht auch, weil manchmal eine Unart der interspezifischen Sorten mit einem Aroma nach nassem Hundefell etwas durchschlägt und die Rotweine sowie die gelegentlich produzierten Rosé qualitativ nicht immer überzeugen.

Doch die Sorte hat inzwischen viele andere Varianten als weiße und rote Konkurrenz, auch weil drei Institutionen fleißig aktiv sind, nämlich neben dem Julius-Kühn-Institut (Geilweilerhof in der Pfalz) die Forschungsanstalt Geisenheim und das Weinbauinstitut Freiburg in Baden. Dem wird attestiert, dass hier einige neue Piwis auf den Markt gebracht wurden, die bereits offizielle Anerkennung als klassische Sorte (Vitis vinifera) erhielten. Namen wie Johanniter, Muscaris, Bronner, Solaris, Cabernet Cortis und Cabernet Carbon erfreuen sich in der Tat zunehmender Beliebtheit bei Ökowinzern. Aber es sind noch eine Reihe anderer Piwis auf dem Markt, etwa Cabernet

Staatsweingut Blankenhornsberg, Ihringen, Kaiserstuhl

Blanc, Souvignier Gris, Sauvignac, Pinotin, Cabertin, Calardis Blanc, Laurot, Satin Noir, Helios, Merzling, Cabernet Cortis, Monarch (wohl eine rote Konkurrenz für den Regent, gezüchtet in Freiburg), Tamino. Anspruch auf Vollständigkeit wird nicht erhoben.

Die deutschen Rebkundler sind nicht die Einzigen, die sich mit Piwi-Züchtungen beschäftigen. Die Österreicher kamen auf die Idee, zwei Weißweinsorten verwirrend als Donauriesling und Donauveltliner zu benennen. Die Eigenschaften der Sorten, zu denen sich inzwischen noch Blütenmuskateller und Pinot Nova gesellt haben, werden als gut bewertet. Sie haben offenbar auch langfristig das Rüstzeug gegen Klimaerwärmung. Kritisch ist nur die Namensgebung zu bewerten, bei der vielleicht etwas viel Riesling und Grüner Veltliner im Glas Pate standen.

Bei den Sortennamen in Deutschland gibt es eine andere Art von Verwirrmethode. Die Konsumierenden, die ohnehin mit vielen klassischen Sorten konfrontiert werden (auch weil internationale Reben hier heimisch wurden), verlieren den Überblick und haben keine Vorstellung, wie die im

Namen oft ähnlichen Sorten schmecken. Bei Riesling, Grauburgunder, Spätburgunder und anderen ist eine bestimmte Typizität bekannt, nicht aber – um Beispiele zu nennen – bei Merzling oder Monarch oder bei Sauvignon Gris und Sauvignac.

Piwi-Wettbewerbe, Präsentationen und sogar international besetzte Symposien wie 2023 in Krems (veranstaltet von der Genossenschaft Winzer Krems) sollen diese Sortengattung bekannter machen. Aber der Weg ist lang. Beschleunigt werden soll er mittels Gründung des Vereins Zukunftswein durch eine sehr aktive Winzerin aus Rheinhessen (Eva Vollmer in Mainz-Ebersheim). Aus Baden sind nach dem letzten Stand der Dinge die Weingüter Zähringer (Heitersheim), 2H (Lindau), Engler (Müllheim), Honold (Östringen), Maier (Baden-Baden) und Briem (Wasenweiler) mit im Boot. Mehr Informationen dazu unter www.zukunftsweine.de.

## Register

© privat

**RUDI KNOLL**, 1947 in München geboren, lebt in der Oberpfalz. Er schreibt seit mehr als vierzig Jahren über Wein und wurde vielfach ausgezeichnet, etwa mit der Staufermedaille des Lands Baden-Württemberg für seine Verdienste um den deutschen Rotwein.

© Armin Faber

**ARMIN FABER**, lebt und arbeitet in der Nähe von Köln. Seit vielen Jahren fotografiert er zu den Themen Wein und Genuss, in allen wichtigen Weinländern der Welt. Zahlreiche Wein- und Kochbücher zeigen seine Handschrift.

Gefällt Ihnen dieses Buch? Dann empfehlen Sie es bitte weiter.
Mehr über den 8 grad verlag finden Sie auf: www.8gradverlag.de
und in unserem Newsletter.

1. Auflage 2025

Sonnhalde 73 | 79104 Freiburg
www.8gradverlag.de | info@8gradverlag.de


Umschlagmotiv: Armin Faber
Umschlaggestaltung, Layout und Satz:
Julie August, Buenos Aires/München
Lektorat: Marion Voigt, Zirndorf
Korrektorat: Stephan Thomas, München

Gesetzt aus der Adobe Caslon, der Gill Sans und der Alternate Gothic Condensed
Papier: Maxima Volume 150 g/m²
Einbandmaterial: Peyer Peyprint Honan
Herstellung: folio · print & more, Zirndorf
Druck und Bindung: UAB BALTO print, Vilnius/Litauen

Printed in EU

ISBN 978-3-910228-46-7

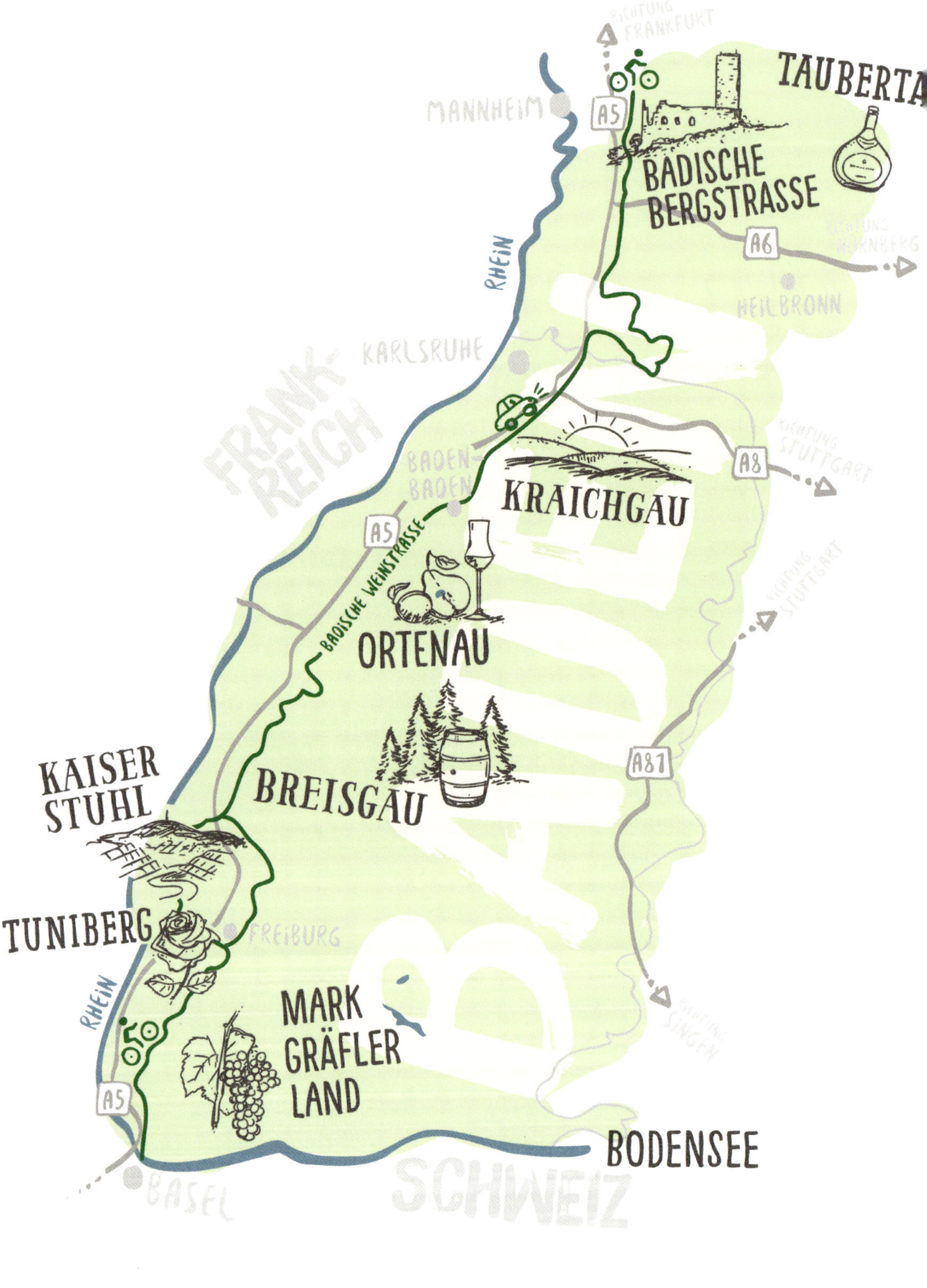

RICHTUNG FRANKFURT
TAUBERTA
MANNHEIM
A5
BADISCHE BERGSTRASSE
A6
RICHTUNG NÜRNBERG
HEILBRONN
RHEIN
KARLSRUHE
FRANKREICH
BADEN-BADEN
A8
RICHTUNG STUTTGART
KRAICHGAU
A5
BADISCHE WEINSTRASSE
ORTENAU
RICHTUNG STUTTGART
BADEN
A81
KAISER STUHL
BREISGAU
TUNIBERG
FREIBURG
RHEIN
MARK GRÄFLER LAND
A5
RICHTUNG SINGEN
BODENSEE
BASEL
SCHWEIZ